岗前职业素养培训教材

做合格的职业人

主编：张俊英

编著：张俊英　董　静　宋春玲　杨　辉
　　　孙小英　贾　若　王凤英　刘宝芹

电子工业出版社

Publishing House of Electronics Industry

北京·BEIJING

内 容 简 介

本教材是在职业教育课程教学改革的背景下，依据岗位对人才的实际需要，侧重人的综合职业素养，由职教教研员和职校教学一线骨干教师编写而成。

该教材主要设计七个单元，围绕做合格的职业人来组织培训内容，涵盖职业道德、职业规划、职业礼仪、职业心理、团队合作、专业能力、企业文化等内容。书中采用岗位情境设计、案例分析、学习讨论、要点提示、活动训练、感悟与回顾等环节，通过学习与训练，以学习者增强对职业岗位的认同感为目标，最终实现从学生到职业人的转变。

本教材可用于配合职校学生德育课程的辅助学习、职业指导与就业教育培训，以及作为在校生开设选修课程的教材，还可用于企业对员工的岗前职业素养培训等。

未经许可，不得以任何方式复制或抄袭本书之部分或全部内容。
版权所有，侵权必究。

图书在版编目（CIP）数据

做合格的职业人/ 张俊英主编. —北京：电子工业出版社，2010.7
岗前职业素养培训教材
ISBN 978-7-121-11166-2

Ⅰ.①做… Ⅱ.①张… Ⅲ.①职业道德－专业学校－教材 Ⅳ.①B822.9
中国版本图书馆CIP数据核字（2010）第116139号

策划编辑：关雅莉　肖博爱
责任编辑：肖博爱
印　　刷：涿州市京南印刷厂
装　　订：涿州市京南印刷厂
出版发行：电子工业出版社
　　　　　北京市海淀区万寿路173信箱　邮编　100036
开　　本：787×1 092　1/16　　印张：10　　字数：256千字
版　　次：2010年7月第1次版
印　　次：2023 年 6 月 第 16 次印刷
定　　价：28.00元

凡所购买电子工业出版社图书有缺损问题，请向购买书店调换。若书店售缺，请与本社发行部联系，联系及邮购电话：（010）88254888，88258888。

质量投诉请发邮件至zlts@phei.com.cn，盗版侵权举报请发邮件至dbqq@phei.com.cn。

本书咨询联系方式：（010）88254617，luomn@phei.com.cn。

Foreword

前　　言

随着素质教育的不断实施，新一轮职教课程改革的全面推进，职业教育的培养方向越来越清晰，目标越来越明确。从培养社会主义的建设者到合格职业人的角度出发，职业教育课程与教学改革不断深入，其动因是满足行业，企业和人的发展的双重需要，它将带来职业学校教育理念、教学内容、教学方法和教学模式等多方面的深刻变化。众所周知，提高教学质量的最终落脚点在于学校和课堂，以及教师的教学能力，而职业学校教师专业发展的重要途径是在长期的教学实践中不断探索、钻研、实践、提升的过程，岗前职业素养培训教材——做合格的职业人便是职教一线教学骨干理论与实践有机结合的智慧结晶。

大量来自于企业员工岗位适应性的调研资料中显示，毕业生不能满足用人单位岗位要求的主要原因不在于专业知识或专业能力，更多的欠缺在于综合素质，诸如职业道德与职业素养、面对职业压力时的心理素质、职业礼仪、人际沟通与团队合作、接纳企业文化等基本能力。上述问题是使毕业生不胜任或不能长期留在企业的主要根源。因此，专业能力以外的素质教育将越来越受到用人单位的普遍重视。

岗前职业素养培训教材——做合格的职业人是针对社会经济发展的需要，提高就业人员的综合职业素质，即将步入职业岗位的工作者能够快速融入企业，增强职业意识，提高岗位适应力与就业竞争力。书中以案例为载体，以实训为主要形式，强调教学互动，通过讨论、训练、感悟等环节，强化职业人的角色定位。教材中大量的案例来自企业、社会与学生生活，职校学生读了本书这些喜闻乐见的故事后，将会被书中的事例所感染。参加教材编写的大部分人员均来自于具有十年以上教学实践经验的一线骨干教师，他们在编写过程中，力求以一名合格职业人应具备的职业素质为根，以培养与训练学生综合职业能力为本，使教材凸显以下特点。

1. 时代性：顺应现代经济发展及企业（行业）用人的需要，紧紧围绕当前职教课程与教学改革的理念，体现现代职教教学设计思想，突出案例、探究、讨论、训练等教学方法的运用，体现学生主体性。

2. 职业性：紧密结合职业岗位要求编写案例，针对职业需要设计活动内容，注重职业情境创设，遵循工作过程导向的课程与行动导向的教学设计思路。

3. 科学性：理论知识借鉴多本教材，强调知识的客观性与科学性，注重人的综合素质培养，尊重知识的系统性和完整性，力求贴近生活，走进职业岗位，遵循实事求是的原则。

4．创新性：教材框架尝试着打破学科、专业的界限，这是与其他同类教材的最大区别，侧重综合素质培养与训练，体现多学科、多领域、多知识层面的融通性，立足岗位实际，将人的素质培养为着眼点，强调综合素质培训。

5．互动性：新课改提倡师生互动和生生互动的教学组织形式，主张学生在教师的指挥、引导下完成学习任务。本教材在设计上侧重以各种互动环节的编排，比如给出案例后就是学生讨论环节，然后是要点提示、活动训练、学生感悟等，这些都是通过互动形式完成的，体现学生参与，寓教于乐的教育思想。

6．实操性：符合学习者的认知水平，不断激发学习者的学习兴趣，单元体例注重教学实际，选用鲜活而生动的教学案例，因而符合职教教学特点与学生实际。

本教材在电子工业出版社的大力支持与协助下，体现编者主要由北京市朝阳区一线骨干教师参与编写而成。许多资料来自书刊、网络、社会生活和学生中间，这些资源均丰富了本书的案例素材，所以，我们特别感谢已有的各种信息和为之作出贡献的人们。诚然，尽管我们在努力追求精益求精，但由于水平有限，教材本身仍然不尽如人意，欢迎广大读者多提宝贵意见。至此，我们也希望使用本教材的所有师生能从中受益，祝学习者的职业生涯更加辉煌、灿烂！

编　者
2010年春

目 录

第一单元　做遵守道德的职业人

实训一　用心工作　　　　　　　　　　　　　　　　2
实训二　你是否值得信任　　　　　　　　　　　　　5
实训三　勤奋好学　　　　　　　　　　　　　　　　10
实训四　服从工作安排　　　　　　　　　　　　　　14
实训五　勇于承担责任　　　　　　　　　　　　　　18

第二单元　做会规划自己职业生涯的人

实训一　认识你自己　　　　　　　　　　　　　　　24
实训二　认识你的职业　　　　　　　　　　　　　　31
实训三　确立和追求你的职业目标　　　　　　　　　36
实训四　命运就在你手里　　　　　　　　　　　　　39

第三单元　做懂礼、守礼的职业人

实训一　从头到脚大改造　　　　　　　　　　　　　46
实训二　微笑是最好的名片　　　　　　　　　　　　52
实训三　开口叫对人　　　　　　　　　　　　　　　56
实训四　握手莫失仪　　　　　　　　　　　　　　　60
实训五　小小名片的魔力　　　　　　　　　　　　　63
实训六　接打电话的学问　　　　　　　　　　　　　68

第四单元　做具备良好心理素质的职业人

实训一　克服自卑，增强自信　　　　　　　　　　　78
实训二　学会缓解工作压力　　　　　　　　　　　　82
实训三　学会团队合作　　　　　　　　　　　　　　86
实训四　正确对待挫折　　　　　　　　　　　　　　88

实训五	学会调控情绪	91
实训六	克服嫉妒心理	94

第五单元　做善于沟通合作的职业人

实训一	敲开沟通之门	100
实训二	聆听的艺术	104
实训三	询问的智慧	109
实训四	表达的关键	115
实训五	察颜观色，传情达意	118

第六单元　做专业技能过硬的职业人

实训一	专业技能是生存之本	128
实训二	加强学习，提升内功，做创新型专业人才	132

第七单元　做热爱并融入企业文化的职业人

实训一	适应新的工作环境	136
实训二	珍惜新员工培训	139
实训三	经营好自己融入团队	143
实训四	工作中多学、多问、多了解	146
实训五	用企业故事传播企业文化	150

第一单元 做遵守道德的职业人

职场如战场，优胜劣汰乃是常事，如何让自己永远处于"不败之地"，就要让自己在现代职场中脱颖而出，使自己成为一个公司必不可少的人，就要以良好的职业道德秉持先进的工作理念去开拓自己的职业天地，成功也只属于这样的人。

实训一　用心工作

案例分析

你用心地工作了吗？

中等职业学校毕业生小马，在某单位市场调查部上班3年了，由于工作业绩突出，他多次被晋升工资，工资甚至比上一届师哥小张的工资还高出许多。他的师哥小张比他早进公司一年多，工作非常认真，也肯吃苦，工资却还不及小马，心里很不服气，认为是主管在背后搞鬼，就找到部门王经理来理论。

王经理没有解释什么，只是安排小张和小马同去服装市场考察，几个小时后，小马和小张都回来了。

王经理问小张："服装市场有多少家商铺？"小张报告："80家商铺。"王经理又问："多少家经营运动休闲品牌？"小张又跑了一趟服装市场。回来报告说："14家经营运动休闲品牌。"王经理又问："有多少家经营时尚服装？"小张只好又跑了一趟服装市场。回来报告说："有40家经营时尚服装。"王经理又问："有多少家经营老人、儿童服装？"小张又跑了一趟。王经理又问："在这80家商铺里，哪些商铺生意红火？哪些商铺生意冷淡？"面对王经理的问题，小张没办法只好又跑了一趟服装市场。几次下来，小张跑得气喘吁吁，满头大汗。

王经理安排小张坐下休息一下，这时小马也回来了，王经理问了小马同样的问题，小马不仅一一作了答复，还十分详细的分析了80家商铺，经营不同的服装以及经营运动休闲品牌、时尚服装、儿童、老人的服装商铺所占的比重。为了一目了然，小马觉得用文字阐述起来很麻烦，还特意用圆圈图标出了各自所占的比重；并绘制了服装市场的示意图，标明了各商铺的位置、所经营的不同类型服装（如运动休闲品牌用绿色、时尚服装用黄色、儿童时装用粉色、老年服装用蓝色进行标注）。

坐在一旁的小张听到小马的汇报，看到小马的调研报告后，脸一下子就红了。小张一下子就明白了，虽然同样做市场调研，自己是走马观花，而小马却是"用心在工作。"

讨论

① 小张工作非常认真，也肯吃苦，为什么不受经理的青睐？问题在哪里？
_____
_____

② 小马是如何用心工作的？
_____
_____

要点提示

像小张这样工作的人恐怕不少，但是在工作中不是每个老板都会向员工解释你的不足，小张遇到了一个好经理，经理用巧妙的方法解释了到底是"要我做"，还是"我要做"、"我要用心做"。在工作中，上司会向下属布置下一步工作，不可能向下属布置每一步工作的具体环节。一件工作要如何完成得更好，这个不是上司能告诉你的，发挥一下自己的主动性，把工作中需要做的事情都罗列出来，并设计好每一个细节，事业的契机说不定就此打开了。

积极主动地工作就是不要让事情找上你，你应主动对事情施加影响。每一件发生在你身上的事都应该是因你的决定而发展、变化的，而不应该是因为你无所作为才变成现实的。

"积极主动"的含义不仅限于主动决定并推动事情的进展，还意味着人必须为自己负责。责任感是一个很重要的观念，积极主动的人不会把自己的行为归咎于环境或他人。他们在待人接物时，总会根据自身的原则或价值观，做出有意识的、负责任的抉择，而非屈从于外界环境的压力。

> 敬业——成功的最佳方法
> 敬业——专注于自己的职责
> 敬业——就是做一切有利于工作的事
> 敬业——就是做事一定要全力以赴
> 敬业——就是关注每一个关键的细节
> 敬业者，永远水到渠成；废业者，必将枉度一生。

活动训练

1. 把学生分成四组，教师布置题目"设计春游行动方案"。
2. 每组分别选出组长一名，组长负责"春游行动方案"整体环节设计及各方的协调工作。
3. 要求每组学生在20分钟内，把"春游行动方案"各个环节设计出来。
4. 比较各组的行动方案，哪一个组工作设计地更细致？
5. 评比各组的活动方案。（每项20分）

设计春游活动评比表

组别：　　　　　日期：　　　　　评分人：

	第一组	第二组	第三组	第四组
活动设计是否科学				
活动组织是否周密				
活动形式是否灵活				
小组成员能否有效的分工与合作				
活动效果如何				
总分				
各组设计方案中的问题				

感悟

通过培训，我了解了_____；
通过培训，我学会了_____；
通过培训，我提高了_____；
通过培训，我改进了_____。

回顾

敬业的意思就是恪尽职守，它大致包括两个方面：一是敬重自己所从事的工作，并引以为豪；二是深入钻研探讨，力求精益求精。敬业不仅是我国劳动人民的一个优良传统，也是十分可贵的职业精神。

敬业不仅仅是简单地在工作中认真完成上司布置的工作，更重要的是用心工作、发挥你的主动性，更好、更准确、更细致地设计好工作的每一个环节，确保工作的顺利推进。

知识链接

『案例故事1』

老木匠盖房子——生活是自己创造的

有个老木匠准备退休，他告诉老板，说要离开建筑行业，回家与妻子儿女享受天伦之乐。老板舍不得这么好的工人走，问他是否能帮忙再建一座房子，老木匠答应了。但是在后来建造房子时，大家都看得出来，他的心已不在工作上，他用的是软料，出的是粗活。

房子建好的时候，老板把大门的钥匙递给老木匠，"这是你的房子，"他说，"我送给你的礼物。"他震惊得目瞪口呆，羞愧得无地自容。如果他早知道是在给自己建房子，他怎么会这样呢？现在他得住在一幢自己一手搭建的粗制滥造的房子里！

我们又何尝不是这样。我们漫不经心地"建造"自己的生活，不是积极行动，而是消极应付，凡事不肯精益求精，在关键时刻不能尽最大努力。等我们惊觉自己的处境，早已深困在自己建造的"房子"里了。

『案例故事2』

多余的三秒钟——细节看成败

公司的车间里是实行流水线操作的。在生产流水线上，一个个散乱的零件沿着履带经过工人们一道道紧张而忙碌的拼接，很快就变成了一件完整的产品，被送到包装车间。

虽说生产流水线上的工人都是熟练工，可毕竟不是机器操作，大家在组装的速度上也是略有差异。可相差也不多，只差两三秒钟而已。有的人就会利用这点时间活动一下麻木的手脚，有的人还会和旁边的工友说上一句话，工作时的气氛便显得很愉快。

一天董事长去检查，得知这个车间还没有车间主任时，便给经理指了角落里的一个女孩说，她很合适，看到经理一脸的疑惑，董事长解释说，因为在等待下一个组装品时，其他人会做其他事情或盯着履带上的产品看，唯有她总是利用多余的三秒钟端详一下手里的产品，检查是否还有瑕疵，因为流水线上任何一道工序上的失误都会导致整个产品成为次品。

多余的三秒钟时间虽说很短，可三秒钟却完全能反映一个员工对工作的态度，它让人的优缺点在三秒钟前暴露无遗。

其实，多余的三秒钟，不是多余的，利用好这三秒钟，既是一种责任，也是一种执著。若利用好了三秒钟，那成功就会在不远处向我们招手。

实训二　你是否值得信任

🔍 案例分析

你忠实于你的企业吗？

作为中等职业学校的实习生小 A 和小 B，同时被分配在某企业的原动设备部门，从事原动设备运行工作，就是保证为生产线供出合格的动力。工作很简单，就是每天定时两次去检查动力设备运行情况，并做好所供出动力的各项品质数据的记录，回到值班室把数据输入电脑存档，并将巡视期间发现的各种异常情况做好记录并及时汇报。

实习过了一段时间，他们发现其中的"猫腻"，即有人偷懒少去或不去现场检查并抄写设备运行的数据，而是利用电脑上原有的数据进行"拷贝"，反正数据差不了多少，改改个别数据就行了。他们看到别人这么做，并没有被发现，也没出什么问题，于是小B开始效仿，几天下来尝到了甜头，每次点检要比小A早回来一个小时，而且浑身不用汗津津的，回来还可以玩会儿游戏。小B劝小A也这么"偷懒"，说这么做可以省好多力气，也不会出什么问题。而小A婉言拒绝了，反过来劝小B做事要一丝不苟，工作来不得半点马虎，作为实习生工作应更细致。小B心想：就你认真，教你偷懒不但不听还来教育起我了，把你累死算了。小A每天仍然按时点检，仔细检查设备运行情况，不放过设备出现故障的一丝苗头，并认真做好数据的记录，并将数据逐个输入电脑，并仔细观察、分析每天数据的变化，并总结出设备出现故障时数据的异常变化，将故障的隐患消灭在萌芽中。夏天动力车间没有空调，温度达到四五十度，小A每次点检回来工作服都湿透了，小B还在一旁暗自窃喜，心想就你傻。

一年的实习期结束了，小A被实习单位留用，并签订合同成为一名正式的员工，而小B不用说，被辞退了。

讨论

① 为什么小A被实习单位留用了？
_____
_____
② 小B是如何工作的？_____
③ 小B在工作中违背了哪一项职业道德？_____
_____。

要点提示

（1）诚实就是真心实意，实事求是，不欺诈；守信就是遵守承诺，讲究信用，注重质量和信誉。

诚实守信是为人处世的基本准则，也是一个单位从事生产经营活动的基本准则，更是从业者对社会、对企业、对他人所承担的义务和责任。

（2）诚实守信包括

第一，忠诚于所属企业；第二，忠诚于企业的老板；第三，忠诚于自己的团队；第四，保守企业的秘密；第五，感恩公司与上司。

（3）忠实于企业（公司）利益

1）一个合格的员工必然是忠实于企业（公司）的利益，这是合格员工必须具备的忠诚意识。忠诚是衡量一个人是否具有良好职业道德的前提和基础。

2）"忠实于企业（公司）利益"就要尽心尽职，诚实、讲信用、热爱本职工作，对工作极负责，有强烈的责任感，能充分承担本职工作的责任，不做有损于企业形象和企业信誉的事。

3）合格的员工应更能"慎独"。"慎独"一词通俗的解释为，一个人在独立工作，无人监督的时候，有做各种坏事的可能，不做坏事，这就叫慎独。

活动训练

（一）信任背摔

① 目标，使大家认识到正是戒备心理妨碍了人们的合作。只要互相信任，对待他人如同自己一样，任何恐惧都可以解除的。

② 场地和器材，利用领操台或高跳箱作为跳台，为安全起见，可在下面布置一只海棉包。

③ 步骤，先由一人登上台，用布条系住手腕，背对大家，全体队员相对而站，伸直双臂，双手相钩，组成"臂网"，鼓励他直体后倒，由大家把他接住。接着换下一人进行，方法同前，实在不敢做的，可以暂时退下，但以后还得做，全部都尝试成功了，可谈点体会。

④ 谈谈你站在台上准备直体后倒时的感受？＿＿＿＿＿＿＿＿＿＿＿＿＿＿＿＿
＿＿＿＿＿＿＿＿＿＿＿＿＿＿＿＿＿＿＿＿＿＿＿＿＿＿＿＿＿＿＿＿＿＿＿＿。

⑤ 谈谈你被"臂网"接住那一刹那的感受？＿＿＿＿＿＿＿＿＿＿＿＿＿＿＿＿
＿＿＿＿＿＿＿＿＿＿＿＿＿＿＿＿＿＿＿＿＿＿＿＿＿＿＿＿＿＿＿＿＿＿＿＿。

（二）寻宝之路

① 本游戏可以用于加强彼此之间的了解和信任，增强大家之间的团队友谊精神。

② 游戏规则和程序，培训者首先给大家讲述下面一个故事。

你们组属于古城探险队的一部分，据说古城位于一个与世隔绝的森林里。调查研究后找到一个向导，由于存在语言障碍，通过翻译费心的解释，他才同意带路。由于古城到处散落有金币、宝石，并且宣称如果宝物被盗，全城人民将面临灾难，因此，条件是大家必须答应都戴上眼罩，保证以后不会再找这条路，一路上不能作语言交流，但是可以通过其他声音，即肢体语言来传递信息给后面的队友，以确保团队能安全到达目的地。

③ 队员手拉手围成圈，戴上眼罩。悄悄让一个队员摘下眼罩，告诉他将充当向导，负责带领整个团队（告知终点）。让两位成员充当沿途的保护者。

④ 注意，在教室或操场用椅子摆成迷宫形状，可以选在景色美丽的树林或公园里进行，可以使人接近自然。

⑤ 相关讨论

1）当你被蒙上眼睛的时候你有一种什么样的感觉？你是否能完全信任你的向导？
＿＿＿＿＿＿＿＿＿＿＿＿＿＿＿＿＿＿＿＿＿＿＿＿＿＿＿＿＿＿＿＿＿＿＿＿。

2）如果在现实生活中，你遇到需要将自己的安全寄托在别人身上的事情，你会选择怎样做？在何种前提下你才会这样做？
＿＿＿＿＿＿＿＿＿＿＿＿＿＿＿＿＿＿＿＿＿＿＿＿＿＿＿＿＿＿＿＿＿＿＿＿。

⑥ 总结

1）信任是集体交往的一个重要前提，只有你充分信任你的伙伴，你才能将事情托

付给他，你才能相信他说的话、做的事，而只有相互信任，大家才能毫无隔阂、亲密无间地合作，共同将工作做好。

2）在一个风景优美的地方进行这个游戏，可以帮助大家重新把心放回到大自然当中，陶冶情操，恢复青春与活力。

感悟

① 在拓展活动中我感触最深的是

_____

_____。

② 我在生活中对待别人会发生哪些改变：

_____

_____。

③ 通过我的努力，预期我的信任指数：

_____

_____。

回顾

（1）时刻把公司利益放在第一位

一个优秀的员工首先应该是视公司利益为第一的人。任何时候，他绝不会以公司的名义去牟取私利；任何时候，他都保守公司的商业秘密，绝不出卖公司的利益。他不会为了工资的高低而对工作敷衍了事，也不会对工作任务沉重而有任何怨言。

（2）努力维护公司的形象

如果一个人在背地里总是和人谈论他的公司或老板的坏处，这样的人你一定要远离他，这种人既不聪明，也绝不会是一个有多大能耐的人。他这么做虽然是在诋毁别人，其实更是在伤害自己，没有人会相信这样的人，更没有哪个老板会喜欢这样的人。

（3）与公司共命运

如果一个人想进入一个公司的话，一定要谨慎地选择。因为选择一个公司并成为它的员工的时候，就意味着已经踏上了一艘船，从此这艘船的命运就和你的命运牢牢地联系在一起。公司是船，你就是水手，让船乘风破浪，安全前行，是你不可推卸的责任。一旦遇到了风雨、礁石、海浪等种种风险，你都不能选择逃避，而应该努力使这艘船安全靠岸。

（4）诚实是做人之本，守信是立事之根

所谓诚信，就是诚实守信，能够履行承诺而获得他人的信任。"三杯吐然诺，五岳倒为轻"，自古以来，诚信就是人类社会活动的一个重要评价指标。市场经济时代，诚信已经成为企业的立足之本，发展之源；是一切道德之基础，也是处理人际关系的重要德行。诚实守信，对自己，是一种心灵的开放，是对自己人格的尊重；对他人，是一种交往的道德，是气魄和自信。在工作中要对领导布置的任务守信守诺，忠实于自己所承担的义务，对同事要以诚相待，相互协作，共同追求卓越的工作成果。

一个人的工作能力有大有小，学历有高有低，但对工作的敬业精神都应不分伯仲。而一个人最重要的态度之一就是诚信，你一定要有好的口碑，也就是说，当你的领导信任你，同事信任你的时候，你就真正具有诚信的口碑，那么就值得被委以重任。树立诚信第一的意识，不仅是一个人，更是一个企业，乃至一个国家的精神财富。诚信精神是企业取得长足发展的基石，只有遵循诚信原则，才能打响企业信誉度，提升市场人气，在激烈的市场竞争取得制胜筹码。

知识链接

『案例故事1』

《老鼠和青蛙》的故事——失信的代价

德国诗人 汉斯·萨克斯

有一天，一只老鼠坐在河边，它在考虑该如何渡到对岸去。"唉，"它叹息道，"这么远，我肯定游不过去的。"这时候，一只青蛙正好在不远处的浅水里，老鼠说的话被它听见了。它游到岸边说道："我可以把你安全地渡过河去。"老鼠相信了它的话，欣然同意了。

这时青蛙找来一根绳子，一头绑在自己的身上，另一头拴在了老鼠的尾巴上，然后它跳到水里；当它在河里将老鼠拖了一段路，突然往水下潜去时，老鼠也不得不跟着往河水深处钻。"救命！"这时它不禁叫道，"难道你想淹死我吗？你怎么对我干出这种不讲信义的事！"可是，青蛙回答说："常言说，甜言蜜语的背后隐藏着背信弃义。你为什么不提防些呢？"

这时候，有一只白鹤飞来了，看到水中的老鼠在挣扎。它俯冲下去，一把抓住它，连同青蛙一起带回自己的窝巢里。不过它抓老鼠时根本就没看见青蛙；它回到窝巢后才发现了它，于是说道："你怎么也被抓来了？""唉，"青蛙回答说，"我这是恶有恶报呀。我本来想让这只老鼠倒霉，想淹死它的；可是现在连我自己也跟着倒大霉了。""是呀，这是你应得的下场，"白鹤说着，便张开它那张大口把这只不讲信义的青蛙吞到肚里去了。

为他人设下的陷阱，结果自己掉了下去。

『案例故事2』

选拔住持——诚信的奖励

元寂年事已高，希望找个合适的接班人。候选人是他的两个徒弟，一个法号一寂，另一个法号二寂。元寂把这两个徒弟叫到跟前，"我现在给你们每人一袋稻谷明年秋天以谷为答卷，谁收获的谷子多谁就是我的接班人。"第二年秋天到了，一寂挑来满满的一担谷子，二寂则两手空空。元寂当众宣布，二寂担当接班人。一寂听了，不服气。元寂微微一笑，高声对众人说，"我给一寂和二寂的谷子，都是用滚水煮熟的。显然，二寂是诚实的，理应由他来当住持。"于是，众人悦服。

有德有才，破格重用；有德无才，培养使用；有才无德，限制录用；无德无才，坚决不用。——牛根生

实训三　勤奋好学

案例分析

爱拼才会赢

中等职业学校学生小 A 来自河北农村，学习电气设备运行与管理专业，因在校学习成绩优异，被分配到某国家机关的物业公司实习，该公司还有出国工作的机会。

对于这个来之不易的实习工作，小 A 非常珍惜，尽管实习工资只有 300 元，小 A 还是每天第一个来到单位，做好卫生，准备好各种工具，因为他深知"早起的鸟有食吃"，自己是刚入门的新手，必须付出比别人更多的努力才能进步。

其实他不仅是第一个到实习单位的，也是宿舍区第一个起床的。每天早上他都要先看上一个小时的书，再骑上自行车赶往实习单位，在半个多小时的路程中，他还要抓紧时间背上一段英语文章，来准备成人高考。

到了单位，他开始从其他人不愿干的最脏、最累的活干起，出现问题自己先运用自己所学的知识进行分析，然后虚心向老师傅请教，老师傅被他的真诚和好学所打动，向他传授了许多修理过程中的独到之处，他都认真倾听，并及时记录在本上，晚上回去再温习一遍，保证下次遇到同样的问题，自己可以妥善处理。师傅看在眼里，喜在心里，知道这是个有心的孩子，一有活儿，就叫上小 A 一起去，指导他做好每一步骤，并嘱咐要认真检查。就这样又过了半年，小 A 的专业知识特别是实际操作能力突飞猛进，已经可以独立操作了。有时点名让师傅干的活，师傅忙不过来，就派小 A 去，小 A 每次都出色完成任务。

另外，小 A 还利用晚上的时间，加紧文化课的学习，每天都在 12 点以后睡觉。功夫不负有心人，小 A 当年通过成人高考考取了建工学院的本专业，利用业余时间进行更高层次的学习。在高校的理论学习，还可以更好地为实习工作服务，提高自身的业务水平。实习结束后，虽然小 A 不是本地户口，但由于他的勤奋好学，小 A 最终被实习单位留用了。

讨论

① 为什么小 A 被实习单位留用了？

_____

_____

② 小 A 是如何学习的？

_____

_____

_____。

要点提示

　　勤奋是取得成功的基础。要取得成功，必须不怕苦累，不计个人得失，付诸行动，这样在工作中才能有所获得。"勤奋"不是三分钟热情，而是一种持之以恒的精神，需要坚韧不拔的性格和坚强的意志。

　　企业最需要的学生——德智体全面发展、拥有高智商的学生；有理想且热爱事业的学生、知道"怎么做"、"为什么"的学生；善于思考、能举一反三、融会贯通的学生。

　　勤奋不是天生的，是后天的锻炼和努力得来的。有付出总有回报，但是"奖赏仅仅给那些有用的人"，永远记住这句话，绝不停留在原地等着天上掉下来的馅饼，一切成功都是努力的结果。一分耕耘，一分收获，这句话是一定不会错的。如果你真的付出了，可是没有得到相应的回报，那是因为收获的季节还没有来到。当秋天来临的时候，你一定会看到挂满枝头的累累硕果。

活动训练

　　（一）每个小组的道具

　　每组分别分发一套"九连环"，必须是每组一个样式。

　　（二）活动过程

　　① 首先选出两名记录员，进行班级汇总。然后把学生分成五组，每组选出自己的组长，每组再派出一名代表，做其他组的监督员。

　　② 组长组织本组的解环工作，每组的监督员负责计时。

　　③ 第一轮：开始比赛，由监督员计算每组的时间，并及时汇总各组的时间。给五分钟时间进行组内总结，更好地掌握九连环的解环秘籍，此时每组派一名"间谍"到其他组学习解环的经验。

　　第二轮：轮换不同的形式"九连环"，由本组"间谍"拿来上一组的"九连环"，本组"间谍"离开现场，由监督员计算每组的时间，并及时汇总各组的时间，并和第一轮的比赛时间做出比较。

　　第三轮：请本组"间谍"回到现场，在就本组"间谍"的指挥下，在计算本组的解环时间，看与第二轮比赛有何区别。

感悟

　　通过培训，我了解了_____；

　　通过培训，我学会了_____；

　　通过培训，我提高了_____；

通过培训，我改进了＿＿＿＿＿＿＿＿＿＿＿＿＿＿＿＿＿＿＿＿＿＿＿＿＿＿＿＿＿。

回顾

1．"业精于勤、而荒于嬉"

荒业者是我们身边那些聊天混日、虚度光阴的人。他们总是抱怨自己没有机会，事业没有发展。而敬业者为了胜任工作，取得成功，会调动自己的聪明才智，补专业基础、查找资料、练技术、攻难关，让自己的学识和业务不断进步；在业务上突飞猛进的同时，也将使自己的职称和职务获得持续晋升，这是水到渠成的必然规律。

2．勤奋是取得成功的基础。要取得成功，必须不怕苦累，不计个人得失，付诸行动，这样在工作中才能有所获得。"勤奋"不是三分钟热情，而是一种持之以恒的精神，需要坚忍不拔的性格和坚强的意志。

3．学习意识，学习，学习，再学习。任何企业都需要吃苦耐劳，有自主学习精神的员工。有专家曾对比做过统计，结果是惊人的，在实际工作中，运用的知识只有10%来自于学习课堂，90%来自于工作后的自我学习。

知识链接

『案例故事1』

"金"说天才（吕会民）——天才是怎样炼成的

伴随着赛场上一个个"奇迹"，同时出现了一个词：天才。人们在津津乐道那些金牌英雄时，免不了把"天才"冠在他们的头上。尤其是"飞鱼"菲尔普斯，"飞人"博尔特，更成了"天才"的代名词。就是说，凡是拿了金牌或是创造奇迹的人都可以称为天才。换句话说，只要努力做到了，每个人都可能成为天才。如果我没理解错了的话，事实也是这样。菲尔普斯小时患有"注意缺陷多动障碍综合征"，上幼儿园时就不能安静坐着，根本不能集中精力。上学因为口吃，他经常被同学嘲笑。老师也对他的母亲断言："他根本不是天才，你的儿子不可能做好任何事情。"后来学游泳时，他输给了同龄孩子，还不服气打人家。这也不是天才应该有的行为。显然，菲尔普斯以前不是天才，甚至比一般儿童还笨。

那么怎么才能成为天才呢？看菲尔普斯怎么说，"一年有365天，当你连圣诞节都在训练时，你知道你的对手不会这样做。这样的感觉很好，因为你做了你的对手没有做的。"鲁迅也曾说过，他不是天才，只不过"把别人喝咖啡的时间都用上了"。由此可见，别人没有做的，你做了；别人做了，你做得比别人更多，这就是天才。

世上原本没天才，只是有了成功，才有了天才。应该相信这样一个道理：因为自己不是天才，才有可能成为天才。——摘自2008-9-8-23《北京晚报》

『案例故事2』

两则故事——永不放弃和破除陈规

故事一：鲮鱼喜欢吃鲦鱼，鲦鱼总是躲避鲮鱼。有位生物学家曾经用这两种鱼做了一个试验。

用玻璃板把一个水池隔成两半，把一条鲮鱼和一条鲦鱼分别放在玻璃板的两侧。开始时，鲮鱼渴望吃到鲦鱼，飞快地向鲦鱼发起进攻，可一次次都撞在玻璃板上，被撞得晕头转向。撞了十几次之后，沮丧的鲮鱼失去了信心，不再向鲦鱼那边游去。更有趣的是，当实验者将玻璃板抽出来之后，鲮鱼也不再尝试去吃鲦鱼了，放弃了本来可以达到目的的努力。

几天后，鲦鱼因为得到生物学家供给的鱼料依然自由自在地在水中畅游，而鲮鱼却翻起雪白的肚皮漂浮在水面上死去了。

故事二：把六只蜜蜂和六只苍蝇装进同一个玻璃瓶中，然后将瓶子平放，让瓶底朝着窗户。很快你就会看到，蜜蜂不停地想在瓶底上找到出口，一直到它们力竭倒毙或饿死；而苍蝇则会在不到两分钟内，穿过另一端的瓶颈逃之夭夭。

蜜蜂以为，囚室的出口必然在光线最明亮的地方，于是，它们不停地重复着这种合乎逻辑的行动。对蜜蜂来说，玻璃是一种超自然的神秘之物，它们在自然界中从没遇到过这种突然不可穿透的大气层；而它们的智力越高，对这种奇怪的障碍就越显得无法接受和不可理解。事实上，正是蜜蜂对光亮的喜爱，导致了它们的灭亡。

而那些愚蠢的苍蝇则对事物的逻辑毫不留意，它全然不顾亮光的吸引四下乱飞，结果误打误撞地碰上了好运气；这些头脑简单者总是在智者消亡的地方顺利得救。因此，苍蝇得以最终发现那个出口，并因此获得自由和新生。

"不学习，就落伍，不努力，就下岗"——这是我们生活的社会里很多人的体会和共识，职业教育的权威证书甚至比高校毕业学位证书显得更为重要。但是，这些证书也存在着一个时效的问题，也就是说，在知识更新速度加快时代，一个人在学校或短训班里学到理念，具有"不断充电"的紧迫感和行动，才能处变不惊，不被社会淘汰。

鲮鱼和鲦鱼的故事让我们明白，朝着自己需要的目标坚持下去，再试一次，也许就能成功。成功秘诀在于永不放弃！

蜜蜂和苍蝇的故事告诉我们，以往的经验也许就是今天失败的原因，当我们置身新的环境、面临必须解决的新难题时，首先应该改变思维方式、破除陈规、勇于探索、不断创造！不然，则是死路一条。

实训四　服从工作安排

案例分析

服从是员工的天职

小张、小王作为中等职业学校的学生，有幸被选入奥运志愿者服务，感到无限的光荣和自豪。百年奥运在中国召开，作为北京人的小张和小王，更想以志愿者的身份为奥运作贡献。他们参与了某著名的餐饮公司的志愿服务，自从领了志愿者的胸卡，他们别提多高兴了。

小张把胸卡拿回家给爸爸和村里的人看，村里人都为村里出了一个奥运志愿者而感到骄傲。爸爸更是喜上眉梢，作为奥运志愿者可以有那么多机会接触知名运动员、教练员，多幸福啊！

可是到了服务单位，大家都傻眼了，本以做好了最坏的打算，给厨房削土豆，可是分配的任务比他们想象还差，小张被分配到后厨刷盘子，小王被分到主餐厅收拾垃圾。大家心情糟透了，可是一想到是志愿者，为奥运服务，豁出去了。他们没有工作经验，更从没上过夜班，一上来就安排连续上五天夜班。刚开始还觉得好玩，上两天夜班后，大家都累傻了，特别是小王、小张都是连续五六个夜班，白天回到宿舍，宿舍里没有空调，又热、又累的志愿者根本睡不好，但我们的志愿者从没有私自换班，很好地服从了上级领导的安排，没有一个含糊的。

小王的工作被分配到垃圾组，小王在家从来没倒过垃圾，但是他现在要把运动员吃剩的饭菜收拾到垃圾桶里，再把整个餐厅的垃圾处理掉，垃圾最多的时候，都埋过了小王的大腿。有时收拾完垃圾，恶心得连饭都不想吃了。即便如此，小王也没有退缩。

小张被分配到后厨"刷盘子"，第一天上岗就用手刷了六个小时的盘子，他风趣的对老师说："我这一夜把我这辈子的盘子都刷出来了。"

特别是在奥运会开幕式和闭幕式当天，所有公交车都绕行，我们的志愿者需要步行3个多小时才可以到奥运村。为了准时赶到奥运村，早上8点刚下夜班的他们，下午5点就出发了，他们毫无怨言地又开始了最重要的一天的工作，因为今天要在开幕式后举行大型的酒会。小王他们就在国家体育场"鸟巢"附近，却不能观看开幕式的壮观场面。正是因为有了志愿者们的服务，我们的奥运会才是无与伦比的。

我们的志愿者们表现出的惊人的工作热情和服从意识，受到了上级单位的表彰，因为他们的出色工作，他们又被聘为残奥运会志愿者，继续工作在残奥会的工作岗位上。

第一单元　做遵守道德的职业人

💬 讨论

① 我们的志愿者是怎样服从安排的？
_____
_____

② 如果你是小张，你会去刷盘子吗？
　如果你是小王，你会去收拾垃圾吗？
_____
_____。

③ 为了按时到达单位，你会在没有交通工具的情况下，又是下夜班的情况下，步行三小时去工作吗？你怎么看待这些志愿者？
_____
_____。

🖐 要点提示

　　服从角色的宗旨，就是坚决地遵循指示去做事，去高效率地完成任务。服从的人必须暂时放弃个人的独立自主，全心全意去遵从所属机构的价值观念。

　　在军队，强调服从是军人的第一天职，不能有任何的借口，绝对服从虽然只适用于军队，但是我们应该从这个"第一天职"里面知道，遵守服从第一的群体效率是最高的，否则就可能在战场上流血牺牲。

　　遗憾的是，很多员工往往没有把握好服从的角色，自以为"我只是一个普通的员工而已，一切决策和行为都与我无关。"缺乏服从领导的意识，甚至于"做一天和尚撞一天钟"。这样的员工又岂能有机会成为公司的精英和栋梁？又怎么能取得公司的信任以委派重任？

　　所以说，服从是成为优秀员工的首要任务。只有定位好自己服从的角色，才能在现代的职场竞争中立于不败之地，也才能使你成为公司不可或缺的员工，甚至是公司的高层领导。

🏃 活动训练 I

背身投球

（一）每个小组准备 1 个大垃圾桶（用来接球），40 个网球（放在袋子或盒子里）。

（二）步骤：

① 邀请一个志愿者，让他和你一起站在前面。

② 让志愿者面向某一个方向站好，目视前方。不可以左顾右盼，更不能回头。然后，把装有 40 个网球袋子交给他。

③ 把垃圾桶放在志愿者的身后，垃圾桶与志愿者间的距离约为 10 米。注意不要把垃圾桶放在志愿者的正后方，要让它略微向旁边偏出一些。

④ 告诉志愿者他的任务是向身后的垃圾桶里扔球，要至少扔进 3 个球才算成功。

实训四　服从工作安排　15

扔球的方式见示图。告诫志愿者不许回头看自己的球进了没有，落在了哪里。

⑤ 让其他队员指挥志愿者，告诉他如何调整投掷的力量和方向才能进球。注意，这里只允许通过语言传达指令。

⑥ 等志愿者扔进了3个球后（这可能会颇费周折），问他"是什么帮助他实现了目标"，问其他队员是否也觉得很有成就感。

活动训练 II

按我说的做

1. 道具：七彩积木；
2. 游戏前准备：培训师先自己用积木做好一个模型。
3. 人员分配：将参加人员分成若干组，每组4-6人为宜；每组讨论三分钟，根据自己平时的特点分成两队，分别为"指导者"和"操作者"。
4. 过程：

（1）将参加人员分成若干组，每组4-6人为宜。

（2）每组讨论三分钟，根据自己平时的特点分成两队，分别为"指导者"和"操作者"。

（3）请每组的"操作者"暂时先到教师外面等候。

（4）这时培训师拿出自己做好的模型，让每组剩下的"指导者"观看（不许拆开），并记录下模型的样式。

（5）几分钟后，将模型收起，请"操作者"进入教室，每组的"指导者"将刚刚看到的模型描述给"操作者"，由"操作者"搭建一个与模型一模一样的造型。

（6）培训师展示标准模型，用时少且出错率低者为胜。

（7）让"指导者"和"操作者"分别将自己的感受用彩笔写在小组搭建模型评价表

组别：　　　　　日期：　　　　　评分人：

序号	评价内容	标准分值	评价得分
1	分工明确、合理，成员参与率高	10	
2	"指导者"语言表达准确、流畅，条理清楚	10	
3	"操作者"反应是否灵敏，是否能够按照指导者的意图进行操作	10	
4	"指导者"与"操作者"之间的合作是否和谐、顺畅	10	
5	最终作品与模型一致处每处加	10	
6	总分		
其他			

第一单元　做遵守道德的职业人

感悟

1. 对我触动最大的是 _____；
2. 你服从领导的安排吗？_____；
3. 我在工作、生活过程中会做哪些改变：_____；
4. 预期目标：_____。

回顾

"服从是员工的天职"这句企业里的警句并非夸张。每个员工在进入一家新的公司后，就必须从零开始，然后要给自己一个定位，明确自己的职责，服从公司分配给你的任务。

一个高效的企业必须有良好的服从观念，一个优秀的员工也必须有服从意识，二者的关系是相辅相成的。因为企业整体的利益，不允许部属抗令而行。一个团队，如果下属不能无条件地服从上司的命令，那么在达成共同目标时，则可能产生障碍；反之，则能发挥出超强的执行能力，使团队胜人一筹。

再者，没有服从理念的员工不能成为一个真正的优秀员工，也无法实现自我的人生价值。所以，每个员工在工作上都要学会第一时间去执行，绝不推卸责任，上司要的是结果，而不是你再三解释的原因。

知识链接

『案例故事1』

测试——只差最后一点点

一位年轻人毕业于著名的石油大学，后被分配到一个海上油田钻井队。在海上工作的第一天，领班要求他在限定的时间内登上几十米高的钻井架，把一个包装好的漂亮盒子送到最顶层的主管手里。他拿着盒子快步登上高高的狭窄的舷梯，气喘吁吁满头是汗地登上顶层，把盒子交给主管。主管转身背对着他打开盒子，看了一会从盒子里取出来的东西，然后封好包装并在上面签下自己的名字，就让他送回去。他又快跑下舷梯，把盒子交给领班，领班同样背对着他，然后换了一个新盒子，也在上面签下自己的名字，让他再送给主管。

他看了看领班，犹豫了一下，又转身登上舷梯。当他第二次登上顶层把盒子交给主管时，浑身是汗两腿发颤，主管却和上次一样，背对着他仔细看了会儿后又在盒子上签下名字，让他把盒子再送回去。他擦擦脸上的汗水，转身走向舷梯，把盒子送下来，领班重复着第一次的动作，再次换了个新盒子并签完字，让他再送上去。

这时他有些愤怒了，他看看领班平静的脸，尽力忍着不发作，又拿起盒子艰难地一个台阶一个台阶地往上爬。当他上到最顶层时，浑身上下都湿透了，他第三次把盒子递给主管，主管看着他，傲慢地说："把盒子打开。"他撕开外面的包装纸，打开盒子，里

实训四　服从工作安排　17

面装了2枚螺丝母。他愤怒地抬起头，双眼喷着怒火，射向主管。

主管又对他说："把这2枚螺丝母分别拧到那边的螺丝上。"年轻人再也忍不住了，"叭"地一下把盒子摔在了地上："如果这样戏耍人的话，我不干了！"说完他看看倒在地上的盒子，感到心里痛快了许多，刚才的愤怒全释放了出来。

这时，主管站起身严肃地对他说："螺丝母虽小，但却能固定住这座井架。你可能不知道，你反复地上下没有白忙活，因为找到了适合的螺丝母。再者，我刚才让你做的这些，叫做承受极限训练，因为我们在海上作业，随时会遇到危险，这就要求队员身上一定要有极强的承受力，承受各种危险的考验，才能完成海上作业任务。作为一个优秀的海上油田钻井队队员，首先应该对上级命令绝对服从，它是成就油田事业的素质之一。可惜，前面三次你都通过了，只差最后一点点，你没有把螺丝母拧到螺丝上。现在，你可以走了。"

『案例故事2』

孙武带兵——令出必行

《左传》记载：孙武去见吴王阖闾，与他谈论带兵打仗之事，说得头头是道。吴王心想，"纸上谈兵管什么用，让我来考考他。"便出了个难题，让孙武替他训练嫔妃宫女。孙武挑选了一百个宫女，让吴王的两个宠嫔担任队长。

孙武将列队训练的要领讲得清清楚楚，但正式喊口令时，这些女人笑作一堆，乱作一团，谁也不听他的。孙武再次讲解了要领，并要两个队长以身作则。但他一喊口令，宫女们还是满不在乎，两个当队长的宠嫔更是笑弯了腰。孙武严厉地说道："这里是演武场，不是王宫；你们现在是军人，不是宫女；我的口令就是军令，不是玩笑。你们不按口令操练，两个队长带头不听指挥，这就是公然违反军法，理当斩首！"说完，便叫武士将两个宠嫔杀了。

场上顿时肃静，宫女们吓得谁也不敢出声，当孙武再喊口令时，她们步调整齐，动作划一，真正成了训练有素的军人。孙武派人请吴王来检阅，吴王正为失去两个宠嫔而惋惜，没有心思来看宫女操练，只是派人告诉孙武："先生的带兵之道我已领教，由你指挥的军队一定纪律严明，能打胜仗。"孙武没有说什么废话，而是从立信出发，换得了军纪森严、令出必行的效果。

实训五　勇于承担责任

🔍 案例分析

谁敢于承担责任？

小陈和小张新到一家速递公司，被分为工作搭档，他们工作一直都很认真努力。老板对他们很满意,然而一件事却改变了两个人的命运。一次,他俩负责把一件大宗邮件送到码头。这个邮件很贵重,是一个古董,老板反复叮嘱他们要小心。到了码头小陈把邮件递给小张的时候,小张却没接住,邮包掉在了地上,古董碎了。

老板对他俩进行了严厉的批评。"老板,这不是我的错,是小陈不小心弄坏的。"小张趁着小陈不注意,偷偷来到老板办公室对老板说。老板平静地说:"谢谢你小张,我知道了。"随后,老板把小陈叫到了办公室。"小陈,到底怎么回事?"小陈就把事情的原委告诉了老板,最后小陈说:"这件事情是我们的失职,我愿意承担责任。"

小陈和小张一直等待处理的结果。老板把小陈和小张叫到了办公室,对他俩说:"其实,古董的主人已经看见了你俩儿在递接古董时的动作,他跟我说了他看见的事实。还有,我也看到了问题出现后你们两个人的反应。我决定,小陈,留下继续工作,用你赚的钱来偿还客户。小张,明天你不用来工作了。"

讨论

1. 为什么小陈被老板留用了?
_____
_____

2. 小张是如何做事?_____
小张做事违背了哪一项职业道德?_____
_____。

要点提示

(1)本应是双方承担的责任却推卸给了自己的同事,这样的员工怎么能够得到上级的信赖,怎么能够给他晋升的机会?

任何一个企业里的领导者都清楚,能够勇于承担责任的员工,能够真正负责任的员工对于企业的意义。问题出现后,推诿责任或者找借口,都不能掩饰一个人责任感的匮乏。这样做结果最终会让你无法晋升,甚至将会丧失工作的机会。

(2)勇于承担责任

1)敢作敢当、勇于承担责任,如果是自己的责任,应勇于承认,并设法补救。

2)勇于承担责任可获得谅解、老板喜欢和信赖。

3)工作中出现问题,如果你推卸责任,别以为老板不知道,其实这种做法是愚蠢的。老板早已把你定位为一个不可靠的人。

4)勇于承担责任可以在一定程度上获得领导和别人的谅解,使老板和同事更加信任你。

5)在工作中,责任心是每个员工必不可少的,无论其职位高低,能力大小。有责

任心的人，对自己的工作会表现出积极、认真、严谨的态度，而工作态度决定着开展工作的方式方法，决定着投入工作精力大小，决定着工作效果的好坏。没有责任心或责任心不强的人，即使他的能力极其出众，也不会将其用在工作中，不会尽心尽责地发挥，人浮于事，很难出色地完成工作。

格言

实力永远意味着责任和危险。

说话随便的人，便是没有责任心。

有责任心的人，最有智慧，不负责任的人，最没出息。

（3）工作意味着责任

责任意识会让我们表现得更加卓越。世界上成功的企业家、CEO 性格迥异，能力的侧重点也不同，但是他们成功的共同基点却是：强烈的责任感，以及与之相伴而行的完美执行力。他们最常说的一句话就是："这是我该负的责任。"

活动训练

游戏一

"石头、剪子、布"

游戏规则：

1. 每队 4 个人，两人相向站着，另外两人相向蹲着，一个站着和蹲着的人是一边；

2. 然后两个人进行"石头、剪子、布"游戏，则由胜者一方蹲着的人去拍一下对方输的蹲着人的手掌；

3. 输方轮换位置，即站着的人蹲下，蹲着的人站起来，继续开始下一局（放音乐，学生玩游戏）随后，教师提出问题：

（1）"当同伴失败的时候，有没有抱怨？你心里是怎样想的？"

（2）"两个人有没有同心协力对付外面的压力？"

（3）"玩了这个游戏后，你有什么感受？"

游戏二

"我错了"

规则：学员相隔一臂站成几排（视人数而定），喊一时，向右转；喊二时，向左转；喊三时，向后转；喊四时，向前跨一步；喊五时，不动。

当有人做错时，做错的人要走出队列，站到大家面前先鞠一躬，举起右手高声说："对不起，我错了！"

做几个回合后，提问：这个游戏说明什么问题？

面对错误时，大多数情况是没人承认自己犯了错误；少数情况是有人认为自己错了，但没有勇气承认，因为很难克服心理障碍；极少数情况有人站出来承认自己错了。

感悟

1. 我感触最深的是_____；
2. 我在生活中作如下改变：_____；
3. 我最负责的一件事：_____。

回顾

公司员工要勇于承担责任

"这样做我不知道。""我不清楚这是怎么回事。""是他让我这样做的。""这不是我干的。""我本来要这样，都是他……"如果您觉得这些话语很熟悉，那是不奇怪的，因为这些话可能是我们自己曾经说过或者是我们身边的同事和朋友曾经说过的。出现问题，往往很多人第一时间都是这种反应，先把自己的责任撇的清清的，错误都是别人的，与自己没什么干系。

人们往往对于承认错误和担负责任怀有恐惧感。因为承认错误、担负责任往往会与接受惩罚相联系。有些不负责任的人在出现问题时，首先把问题归罪于外界或者他人，总是寻找各式各样的理由和借口来为自己开脱。在很多上级看来，这些都是无理的借口，并不能掩盖已经出现的问题，也不会减轻要承担的责任，更不会让你把责任推掉。

任何一个企业里的领导者都清楚，能够勇于承担责任的员工，能够真正负责任的员工对于企业的意义。问题出现后，推诿责任或者找借口，都不能掩饰一个人责任感的匮乏。这样做结果最终会让你无法晋升，甚至将会丧失工作的机会。

在工作中，一个勇于承担责任，主动为自己设定工作目标，并不断改进方式和方法，犯了错误也能够勇于承认的员工，看似一时受到了批评，但是这不仅不会引起上级的反感，反而会得到更多的信任。在需要你承担责任的时候，勇敢地去承担它，这时你才有望抓住机会。因为只有那些勇于承担责任的人，才能够出色地完成工作，才能更受领导欣赏和重用。作为一名普通员工，只要具备勇于负责的精神，他的能力就能够得到充分的发挥，他的潜力便能够不断地得到挖掘，同时他的前程也会一片光明。

知识链接

『案例故事』

谭千秋——用生命诠释师德

教师是太阳下最光辉的职业，在川工作的湘籍老师谭千秋用生命诠释了这一格言。当地震灾难突然袭来时，谭千秋用自己的血肉之躯护住了他的学生。在那千钧一发之际，人生阅历丰富的他本来有机会能够从容自保，但是他首先想到了学生。在那一瞬间，他眼前可能浮现出自己的妻子和孩子，也可能有些许迟疑和犹豫。但是，对自己学生的爱让本来有选择的他毫无选择，他毅然地张开双臂，护住自己的四个学生，把生的希望留

给了他们，把死亡留给了自己。在他的身后，留下了一个家庭的悲痛和惋惜、四个家庭的团聚和幸福以及无数的感动。他无私的爱就像种子一样开始发芽，不仅感染他在湖南衡阳的老乡、他大学时期的同学，也感染着无数的教师和国人。

　　他们用自己的行动乃至生命，向我们诠释了什么是师德，什么爱，什么是荣耀！当成千上万间房屋倒下去的时候，是他们的爱撑起了整个世界！

第二单元 做会规划自己职业生涯的人

青年学生要做有规划、有准备、有抱负的职业人，对自我进行客观的评估，为将来的职业发展作科学的规划，建设自己，做自己的主宰者。

职业生涯规划越早对今后毕业找工作越主动，谁的规划作的早，谁毕业时就最先拿到第一桶金。有很多人，毕业之前就已定好下步职位，一毕业，马上就可按照职业生涯规划去发展，前途无量。相反，如果不做职业生涯规划就闯入职场，东撞一头，西撞一头，撞来撞去，等三十来岁的时候，而立之年，难立大业，回头看过，自己的职业生涯轨迹乱七八糟，走的是一条弯来弯去的曲线。有的人甚至走了一个圆圈，饶来饶去又回到20岁时的起步点，而且，再想向前，却步履维艰，无所适从。

青年学生要做有规划、有准备、有抱负的职业人，对自我进行客观的评估，为将来的职业发展作科学的规划，建设自己，做自己的主宰者。

首先要确立自己的职业方向，和现实挂钩，知道自己需要什么、社会需要什么，结合自己的兴趣、特长、技能、经历等进行客观的自我评估，对职业环境和社会环境进行分析，确立务实、可行的职业方向。同时，要根据自己的爱好、实际能力和社会需求制定有效的实施步骤，比如某个年龄段该做什么、某个时间段自己达到什么目标等，不断总结并完善，对职业生涯中的不和谐、不妥当之处进行矫正。这就是职业规划！

实训一　认识你自己

案例分析

小严原是一名音乐教师，她个性开朗活跃，多才多艺，又充满爱心，深受学生的喜爱，工作环境平稳，而且发展顺利。两年前，由于受朋友的影响，小严决定离开学校加入某文艺团体，从事独立的演艺活动。不久，小严业务上完全胜任了她的新工作，每天的文艺演出不仅让她风光十足，收入上也比以往有了大幅度的提高，但小严却感觉内心很不踏实，好像丢失了一样很重要的东西，往日的快乐笑容也不再挂在她的脸上，长时间的失落不安，使她郁闷不已。在经过咨询辅导后，小严才认识到自己不太愿意冒风险，喜欢平实的发展方式，追求"平平淡淡才是真"的生活理念，不愿意工作中具有太多的风险干扰，希望稳步地发展事业，不愿在频繁震荡的企业环境中整日忧心忡忡，希望在平和的环境中安心投入工作。而目前所从事的工作受市场因素的影响很大，工作不稳定，组织关系也比较松散，这些都与小严的个性特点产生了冲突。了解这些之后，小严经过了慎重考虑，最终在离开学校三年之后又重新回到学校，并很快在学校工作中又重新找到了她踏实开心的感觉。

讨论

① 小严为何离开学校三年之后又重新回到学校？她的个性特点是什么？

② 从职业规划上看，你从小严的经历中得到什么启示？

③ 认识自我包括哪些内容？如何认识？

要点提示

（1）认识自我的重要性

在古希腊宗教中心的阿波罗神庙的一根巨大的石柱上，镌刻着苏格拉底的一句名言"认识你自己"，卢梭称这一碑铭"比伦理学家们的一切巨著都更为重要，更为深奥"。它深深地影响了人类两千多年来的思想和认识，人的一生近半个世纪或更长的时间是与职业相联系的，因此，职业成功是人生成功、幸福、快乐的重要标志之一。认识自己是决定一个职业生涯规划、个人奋斗成败、生活质量以及人生价值的核心因素。

在自主发展的职业生涯设计中，正确、真实地认识自我，清楚自己的优势与特长、劣势与不足，可以有效地避免设计中的盲目性，达到设计高度适宜。此外，认识自己的兴趣爱好、特长、个性和价值观，认识到自己的优势与不足，思考自己最看重什么、最想要什么样的生活，还为下一步的职业规划的准确定位做好准备。

（2）认识自我的内容包括：

个人心理特质

每个人都有其独特的心理特质和个性，如职能、情绪能、性格、潜能、价值观、兴趣、动机等。

生理特质：包括性别、身体状况、身高、体重以及外貌评价等。

学历、经历：包括所受的教育程度、训练经历、学业成绩、社团活动、工作经验、生涯目标等。

家庭背景：父母的职业、社会地位、家人的期望等。

（3）认识自我的方法

生活写真：通过录音录像记录自己一天生活的语言、行为，了解自己看待事物的角度、方式和处理问题的态度、方法等。特别建议安排同好友、同学、家人等谈话，说出自己的看法，发表自己的言论。

写自传、记日记：记录内容应涉及个人背景情况、日常生活情况，如接触的人群、居住的地方、生活中发生过的一些事情，特别是记忆最深最难忘的事情。

心理测试法：通过回答有关问题来认识自己、了解自己。测试题目是由心理学家们经过精心研究设定的，只要如实回答，就能大概了解自己的有关情况。

提示

国内外常用的几种测试方法有人格测试、智力测试、能力测试、职业倾向测试。为了最大限度地发挥心理测评的效用，首先应该选用一个较为权威的心理测量工具；其次是在做测验的过程中，一定要按自己的真实想法填答；最后应该选择一个安静没有干扰的环境。

情景体验：学生通过探索职业和体验职业的过程，锻炼自己查找信息、分析和解决问题、适应社会、与人交往和与人合作的能力等。相同职业理想的学生可以一起讨论、交流各种与职业目标有关的信息，互相促进，共同进步，为以后步入社会形成良好的职业人际关系圈子做好铺垫。

可以充分整合家长资源，利用家长资源为学生提供社会实践机会，给学生提供更广阔的发展空间。学校根据学生的职业目标组建不同的社团，定期对其进行指导，组织社会实践活动。

活动训练

（一）"说说你自己"

① 姓名：_____ 年龄：_____ 血型：_____
性别：_____ 学历：_____ 籍贯：_____
身高：_____ 体重：_____ 外貌：_____
户口所在地：_____。
家庭住址：_____。

② 我的性格是：_____。
我认为世界上最可贵的、最值得珍惜的是：_____。

③ 我的优势有：_____，
我的劣势有：_____。

④ 我所学的专业：_____，我的理想职业：_____，
我会乐此不疲地做：_____，
我最厌恶做的事：_____。
我未来的打算是：_____。

⑤ 我父母的职业是：_____，家庭经济状况：_____，
父母对我的期望是：_____。

（二）

职业个性测试

目的：协助个人了解自己的职业兴趣和职业倾向，以便及早为自己的职业生涯做好准备。

以下有60道题目，如果你认为自己属于这一类的人，便在序号上画个圈，反之，便不必作记号。

1. 喜欢自己动手干一些具体的能直接看到效果的活。
2. 我喜欢弄清楚有关做一件事情的具体要求，以明确如何去做。
3. 我认为追求的目标应该尽量高些，这样才可能在实践中多获成功。
4. 我很看重人与人之间的友情。
5. 我常常想寻找独特的方式来表达自己的创造力。
6. 我喜欢阅读比较理性的书籍。
7. 我喜欢生活与工作场所布置的朴实些、实用些。
8. 在开始做一件事情以前，我喜欢有条不紊地做好所有准备工作。
9. 我善于带动他人、影响他人。
10. 为了帮助他人，我愿意做些自我牺牲。
11. 当我进入创造性工作时，我会忘却一切。
12. 在我找到解决困难的办法之前，通常我不会罢手。
13. 我喜欢直截了当，不喜欢说话婉转。
14. 我比较善于注意和检查细节。
15. 我乐于在所从事的工作中承担主要责任人。
16. 在解决我个人问题时，我喜欢找他人商量。
17. 我的情绪容易激动。
18. 一接触到有关新发明、新发现的信息，我就会感到兴奋。
19. 我喜欢在户外工作与活动。
20. 我喜欢有规律、干净整洁。
21. 每当我要作重大的决定之前，总觉得异常兴奋。
22. 当别人叙述个人烦恼时，我能做一个很好的倾听者。
23. 我喜欢观赏艺术展和好的戏剧与电影。
24. 我喜欢研究所有的细节，然后再做出合乎逻辑的决定。
25. 我认为手工操作和体力劳动永远不会过时。
26. 我不大喜欢由我一个人负责来作重大决定。
27. 我善于和能为我提供好处的人来往。
28. 我善于调节他人相互之间的矛盾。
29. 我喜欢比较别致的着装，喜欢新颖的色彩与风格。
30. 我对各种大自然的奥秘充满好奇。
31. 我不怕干体力活，通常还知道如何巧干体力活。
32. 在作决定时，我喜欢保险系数比较高的方案，不喜欢冒险。
33. 我喜欢竞争与挑战。
34. 我喜欢与人交往，以丰富自己的阅历。
35. 我善于用自己的工作来体现自己的情感。
36. 在动手做一件事情以前，我喜欢在脑中仔细思索几遍。

37．我不喜欢购买现成的物品，希望能买到材料自己做。
38．只要我按照规则做了，心里就会踏实。
39．只要成果大，我愿意冒险。
40．我通常能比较敏感地觉察他人的需求。
41．音乐、绘画、文字，任何优美的东西都特别容易给我带来好心情。
42．我把受教育看成是不断提高自我的一辈子的过程。
43．我喜欢把东西折开，然后再使之复原。
44．我喜欢每一分钱都花得要有名堂。
45．我喜欢启动一项项工作，而具体细节让其他人去负责。
46．我喜欢帮助他人，提高他人的学习能力。
47．我很善于想象。
48．有时候我能独坐很长时间来阅读、思考或做一件难对付的事情。
49．我不怎么在乎干活时弄脏自己。
50．要能仔细地完整地做完一件事情，我就感到十分满足。
51．我喜欢在团体中担当主角。
52．如果我与他人有了矛盾，我喜欢采取平和的方式加以解决。
53．我对环境布置比较讲究，哪怕是一般的色彩、图案都希望能赏心悦目。
54．哪怕我明知结果会与我期盼相悖，我也要探究到底。
55．我很看重有健壮灵活的身体。
56．如果我说了我来干，我就会把这件事情彻底干好。
57．我喜欢谈判，喜欢讨价还价。
58．人们喜欢向我倾诉他们的烦恼。
59．我喜欢尝试有创意的新的主意。
60．凡事我都喜欢问一个"为什么"。

然后，请根据在上面自测过程中画圈的序号，在下表中相同的数字上同样画圈。

R	C	E	S	A	I
1	2	3	4	5	6
7	8	9	10	11	12
13	14	15	16	17	18
19	20	21	22	23	24
25	26	27	28	29	30
31	32	33	34	35	36
37	38	39	40	4l	42
43	44	45	46	47	48
49	50	5l	52	53	54
55	56	57	58	59	60

接着，根据每一栏画圈的多少将排在前三位的栏目顶上的字母填在下面。

第一：　第二：　第三：

结果分析。

R 代表现实型（Realistic）个性

此种类型的人具有顺从、坦率、谦虚、自然、坚毅、实际、有礼、害羞、稳健、节俭的特征，其行为表现为喜爱实用性的职业或情境，以从事所喜好的活动，避免社会性的职业或情境；用具体实际的能力解决工作及其他方面的问题，较缺乏人际关系方面的能力；重视具体的事物，如金钱、权力、地位等。这类个性的人适合从事的职业，包括商业操作、技术性的工作和一些服务型的职业。典型职业有一般工人、农民、土木工程师。

I 代表研究型（Investigative）个性

此种类型的具有分析、谨慎、批评、好奇、独立、聪明、内向、条理、谦逊、精确、理性、保守的特征，其行为表现为喜爱研究性的职业或情境，避免企业性的职业或情境；用研究的能力解决工作及其他方面的问题，即自觉、好学、自信、重视科学，但缺乏领导方面的才能。这类个性的人适合从事的职业，包括科学研究和一些技术性的工作。典型职业有数学、生物方面的工程师、科研人员。

A 代表艺术型（Aristic）个性

此种类型的人具有复杂、想象、冲动、独立、自觉、无秩序、情绪化、理想化、不顺从、有创意、富有表情、不重实际的特征，行为表现为喜爱艺术性的职业或情境，避免传统性的职业或情境；富有表达能力和直觉、独力、具创意、不顺从、无次序等特征，拥有艺术与音乐方面的能力（包括表演，写作，语言）并重视审美的领域。这类个性的人适合从事的职业，包括艺术、音乐和文化类的职业。典型职业有诗人、艺术家。

S 代表社会型（Social）个性

此种类型的人具有合作、友善、慷慨、助人、仁慈、负责、圆滑、善社交、善解人意、说服他人、理想主义、富洞察力等特征，其行为表现为喜爱社会型的职业或情境，避免实用型的职业或情境；并以社会交往方面的能力解决工作及其他方面的问题，但缺乏机械能力与科学能力；喜欢帮助别人、了解别人，有教导别人的能力，且重视社会与伦理的活动与问题。这类个性的人适合从事的职业，包括社会和服务类的职业。典型职业有教师、牧师、辅导人员。

E 代表企业型（Enterprising）个性

此种类型的人具有冒险、野心、独断、冲动、乐观、自信、追求享受、精力充沛、善于社交、获取注意、知名度等特性，其行为表现为喜欢企业性质的职业或环境，避免研究性质的职业或情境，会以企业方面的能力解决工作或其他方面的问题；有冲动、自信、善社交、知名度高、有领导与语言能力，缺乏科学能力，但重视政治与经济上的成就。这类个性的人适合从事的职业包括管理和销售类的职业。典型职业有推销员、政治家、企业经理。

C 代表常规型（Conventional）个性

此种类型的人具有顺从、谨慎、保守、自控、服从、规律、坚毅、实际稳重、有效率、但缺乏想象力等特性，其行为表现为喜欢传统性质的职业与情境，避免艺术性质的职业

或情境，会以传统的能力来解决工作或其他方面的问题；喜欢顺从、规律、有文书与数学能力，并重视商业与经济上的成就。这类个性的人适合从事的职业，包括办公室类和数据类的职业。典型职业有出纳、会计、秘书。

请在下列六角形个性分类图上圈出你得分最高的前三个字母。这是心理学家、职业咨询理论家霍兰德提出的在全世界有着广泛影响的六角形个性分类图。如果你的个性测试得分最高的三个特征排列在相邻的位置上，那么你的兴趣、爱好和需求比较一致，基本上能在相应的职业中获得满足；如果你的个性测试得分最高的三个特征排列在相对的位置上，那么你的兴趣、爱好和需求比较分散，除了在相应的职业中获得部分满足之外，另外有些部分需要通过发展业余爱好等方法来加以满足。

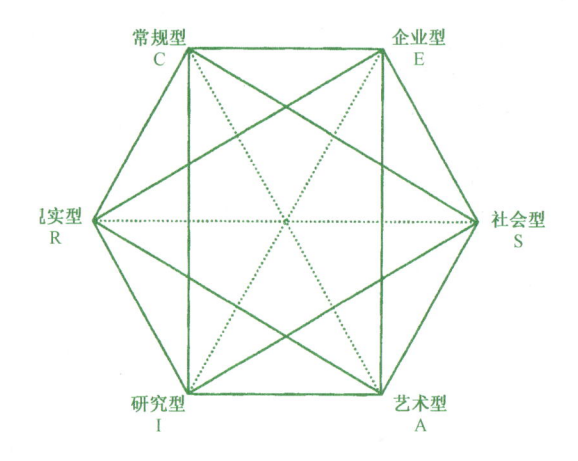

回顾

正确认识自我是一个人迈向成功职业生涯的第一步，一个人如果无法充分认识自己，所有的努力都可能只是符合他人的期待和要求，而与自己的内心状态不符。因此，只有通过自我探索了解自己的内在需求，个人的潜能才会得以充分发挥。

借鉴本节介绍的认识方法对自己的心理特征、兴趣爱好、价值取向、工作能力等方面有所真实全面地了解，为职业规划的第一步。

知识链接

『案例故事』

应用三圈理论帮你找准职业方向

影响人一生幸福的因素很多，比如说出身、身体、性格、婚姻、职业等，这其中有的是不可选择的，像出身、身体等；有的是很难改造的，像性格；有的却是完全可以靠自己把握的，像婚姻、职业。

那么，正确的职业方向应该如何去寻找呢？

这里讲的三圈理论或许能帮助正在身陷职场沼泽地寻找正确方向的人们。

你可以画三个圈：

第一个圈是你喜欢做什么？一个人如果总是在做他喜欢做的事情，心情想必是非常愉快的；

第二个圈是你能够做什么？一个人喜欢做力所不及的事情往往会被人看作好高骛远，进而很快会让领导失去信心；

第三个圈是你做什么能赚到钱？一个人有了一份自己喜欢并且能够做好的事情并不一定就幸福，因为缺钱会使他无法实现人生的其他追求，继而他也会失去长久的工作动力。如果一个人在求职时，能够找到这三圈重叠的职业，那我就要恭喜你了，因为你目前的职业正好与你的职业方向相吻合，你务必珍惜并加倍努力，以便早出成绩。

有了这个简易的三圈理论，前文所述的一些初入职场的疑惑问题就能迎刃而解。如果您正处在职业抉择的分岔路口上，那么应用三圈理论也许能够帮助您理清思绪，穿透迷雾。

需要说明的是，现实中的求职很难每次都有三圈重叠部分，大部分时候遇到的职业可能只满足其中一个圈，或者两个圈。这里的建议是，只满足一个圈的事情最好不要去做，没有满足三个圈的事情也不要傻等，只要满足了两个圈就可以一试，因为不仅满足三个圈的职业不是随处可遇的，而且你喜欢做什么、你能够做什么、你做什么能赚到钱这三个条件都会因时因地因看法因感觉因能力而改变的。再说，职业调整不敢说是一辈子的事情，但对于大部分人来说都是需要几年或者十几年甚至更多的时间，重要的是身在职场要知道如何思考如何规划如何找到正确的职业方向。

实训二　认识你的职业

🔍 案例分析

小刘毕业于北京市某职业高中园林花卉专业。在校学习期间，他努力学习专业知识，刻苦训练自己的专业技能，在花卉养殖、园林设计、插花艺术等多学科方面都取得了优异的成绩，他尤其喜欢插花艺术，并长期钻研琢磨，提高技能，在自己的努力和老师的指导下，多次获得学校举办的插花大赛一等奖及北京市插花大赛优胜奖。2007年7月毕业之后，他被分配到北京某五星级酒店从事插花员工作，从学生到自食其力的劳动者，小刘非常兴奋，并暗下决心要大干一番事业，实现自己的人生价值。然而，这个酒店插花员工作并不是像小刘想象的那样简单，工作中他需要经常将所需花材进行修剪并保养，及时清理残枝败叶，做好室内卫生，并在工作的间隙要去协助其他工作组洗水果，如刷桃毛。频繁地做插花员以外的工作，这让小刘极不情愿，他理想中的插花员工作是专一的、高雅的、清闲的、受人敬重的，而不是琐碎的修剪、搬运及刷桃毛。思想观念上的困惑带给他的痛苦更胜于身体上的劳累，终于，不能摆脱长期内心苦闷的小刘，辞去了让很多同学羡慕的酒店插花员工作，从此也就开始了漫漫的求职路。

讨论

1. 分析小刘苦闷的原因，你如何看待小刘辞去插花员的工作？
2. 从职业规划上看，你从小刘的经历中得到什么启示？
3. 认识职业包括哪些内容？如何认识？

要点提示

（一）认识职业的重要性

中国古话："处事识为先，断次之。"意思是说，全面地了解、科学地预测是成功策划的基础。

人们经常说，"选择比努力重要。""对于没有航向的船来讲，任何风都不是顺风。""一个人放对了地方就是人才，放错了地方就变成蠢才。"这些都说明，任何努力都是为了达到目标，如果偏离了目标的努力，无论你付出了多么大的时间、精力都是白费的。只有明确了你的目标，并了解它、学习它、铭记它，并按照它的要求改变自己、完善自己，你才不会犯方向性错误，从而做到有的放矢，你也就会离目标越来越近。同学们应当关注市场的需求变化，将自己的爱好与市场挂钩。了解社会发展趋势，把握行业发展动态，科学、长远的确立自己的理想职业，从而为以后职业生涯的科学规划和打拼预订好广阔的领域。而这一过程中首先要做的认识职业环节就显得尤为重要。

（二）认识职业的内容

职业环境分析：

首先是对社会大环境的认识与分析，包括当前社会政治、经济发展趋势；社会热点职业及自我理想职业的需求状况；自己所选择职业在当前与未来社会中的地位情况；社会发展趋势及国家政策对自己职业的影响。

其次是对自己所选企业的外部环境分析，包括所从事行业岗位的发展状况及前景；在本行业中的地位与发展趋势；所面对的市场状况、技术走势及工资待遇状况等。

人际关系分析：

个人职业过程中将同哪些人交往，其中哪些人将对自身发展起重要作用，是何种作用，这种作用会持续多久，如何与他们保持联系，可采取什么方法予以实现；工作中会遇到什么样的同事或竞争者，如何相处、对待。

了解企业及职业岗位的要求：

在一次对企业调查问卷的相关数据的统计中，80%以上的企业会把员工的职业道德和工作态度、团队合作精神、吃苦耐劳并善于从点滴做起、服务意识与服务能力等认为是最重要的素质，而对毕业生的调研也证明了企业对于员工素质要求把敬业精神与责任心放在第一位，所以企业对职业道德和职业态度的要求是第一位的。此外还需具备一定的沟通能力、礼仪规范、一定的文化知识，当然，职业岗位的专业特点还要求员工具备扎实的专业知识和熟练的专业技能以胜任岗位工作。

（三）认识职业的方法

* 全面猎取相关信息：通过报纸、杂志、网络等媒体广泛大量猎取有关经济发展、行业前景、技术走向等信息，了解自己理想职业岗位的发展态势、员工要求、工作法则等相关内容。

* 走进企业，体验职业：珍惜实习实训机会，假设自我职业角色，情感上、行为上体验岗位工作，深入了解职业内涵。

* 向他人取经：认识了解行业专家，聆听前辈教诲，了解他们的成长经历。与从事该职业的人、相关专业的老师交流，通过了解他人的职业经验，获取职业知识。

活动训练

（一）假拟角色

不论是在专业知识理论课上还是专业技能实操课上，以及其他很多时候，都试着以自己理想职业的劳动者的身份去思考问题，假拟职业角色，始终问自己：我从事这一工作应怎么想？我从事这一工作应怎么做？

（二）业务游戏

根据所学专业，创作工作中的冲突情节故事，提出入情入理的棘手问题，让同学们面对：假如是我遇到这种事，我会……。

例如上述案例中，假如你是小刘，你是会像小刘那样苦闷而辞职，还是会欣然接受复杂的工作，稳扎稳打，站稳脚跟？

（三）亲临面试

通过面试往往会更直接快捷地了解企业对员工的要求及有关职业的相关信息，同学们可以抓住各种机会亲临面试现场，观摩聆听面试过程内容，从而认识职业，认识企业，看到与自身的差距。

（四）同学交流

经常性地开展多种形式的职业信息交流会，还可以设立一个板报专栏，刊写有价值的行业信息，并经常更新补充，帮助同学扩充职业信息，加深职业了解。

感悟

我的天地我知道

请试着填写：

1. 我的专业是_____，我喜欢的工作岗位有_____。
我对工资福利的预定目标是_____。
我了解到我理想的职业的工作内容描述是 _____
_____。
我了解到我理想职业的工作特点是_____。
我理想职业的社会地位和发展前景是_____。
我了解的行业相关政策法则有_____。

2. 我认为刚刚步入工作岗位应注重的是_____。
我认为刚刚步入工作岗位时的心态应是_____。
3. 我理想职业相应的知名企业有_____。
他们的优势是_____。
我理想职业相应行业专家有_____。
他们最值得我学习的品质有_____。
我了解到我心怡的企业对员工的要求是_____。
我认为我适合这一工作的理由有_____。

（注：同学若填写顺畅，并真实填写，说明你对职业有了较为深入全面地了解，相反，你还需依照本课建议的方法进一步了解职业）

回顾

现代职业具有自身的区域性、行业性、岗位性等特点。要对该职业所在的行业现状和发展前景有比较深入的了解，比如人才供给情况、职业所需要的职业能力及特殊能力、了解从事该职业需要的职业技能和综合素质等，从而选择适合自己的教育、社会实践及职业发展道路。更好地了解这个职业，确定该职业是否适合自己，这一过程必须由学生亲自去认真完成。

中国古训：知己知彼，百战不殆。外因是变化的条件，内因是变化的根据。既知己，又知彼，职业生涯规划才有了成功的基础。未来发展往往不能离开历史的演变。只要从历史的足迹中探寻未来的步伐，在职场上就一定能平步青云。

知识链接

『案例故事1』

应对职场"信息战"——你准备好了吗？

都说这是一个信息"爆炸"的时代，职场也不例外。职场信息包罗万象，大到行业冷热、经济形势、名企行情，小到某家公司老板性格如何、岗位薪资行情怎样、人际关系如何等，无不是重要的职场信息。信息就意味着机遇，谁能最快、最全、最准确地掌控有效信息也就等于把握了机遇，所以，某种程度上说，职场竞争也是一场"信息战"。

一个职位信息公布后，可能被多少人知晓？

如同互联网、Blog 的出现使得信息"爆炸"的层级被无限扩大一样，职场信息也因为这些新兴传播渠道和方式而实现了一日千里，其数量、传播的广度、速度都超过了我们的想象。

去年10月，国家人事部在发布了中央国家机关8662个职位面向社会公开招考公务员的消息，不长时间里全国的报考人数已接近100万，报考人数创下历史最高；

去年年底，阿里巴巴公司人力资源部门在网上公布了校园招聘的信息，结果，当日晚上就收到了来自全国各地的2000多份简历；

微软亚洲工程院在一次招聘中共接受到了 1.2 万简历，虽然最后只选出了 70 人；

一些顶尖的跨国公司一年之内收到的简历不下四五万份，而招聘职位往往可能仅一两百个，招聘职位会受到如此之多人的关注，HR 自己都始料不及。

当网络、报纸、杂志、电视、广播，还有朋友圈子、老师、父母……都成了职场信息的载体和传播者时，一个招聘职位信息可能被多少人掌握，谁都难以预计。

『案例故事2』

如何打赢职场"信息战"

职场信息无处不在，面对数量惊人、真假难辨的"海量"信息，打赢职场"信息战"，你需要眼光、渠道和分析力。

• 眼光——哪些信息对我有效

面对庞大的信息，人的精力是有限的。你首先需要筛选出对你有用的那些，以便集中精力。你需要确定，哪些信息是有效的，是不得不关注的。不同的人群、处在不同发展阶段、面临不同的职业问题，答案也不同。

如果你是一个正在求职的应届毕业生，很显然，这些信息对你来说是非常重要的，国家或上海今年关于毕业生就业的政策有哪些？如果你是外地生源毕业生想要留京工作，关于户籍、居住证方面的政策信息是你不能不了解的；市场上应届毕业生的就业行情怎样？有哪些用人单位需要我所在专业的毕业生？今年毕业生在市场上的起薪是多少？薪资期望多少比较合理？

• 渠道——哪里能找到我想要的信息

接下来，有用的信息主要集中在哪里？找到这些信息集中的传播渠道，可以帮助你在第一时间获取有效信息。以职位信息为例，目前最为集中的平台，无疑是招聘网站、报刊、招聘会、人才中介、校园就业指导中心等等。不同人群，最有效的信息平台也不同。对于普通求职者来说，招聘网站、报刊和招聘会是最直接、最有效的；而对于应届毕业生来说，校园就业指导中心可能更有针对性；对于中高级人才来说，猎头和人才中介那里会有更多好机会。

除了上述显性的信息渠道，你还不能够忽视一些"隐性"渠道，比如，你朋友所在的公司可能正在招人，你的老师一直跟某个名企保持着良好的合作关系，等等。也许这些平台的信息不那么多，但却往往是十分直接而有效的。

当你找到了有效信息最集中的那些渠道，你需要把它用某种形式保留下来以备长期浏览，或经常保持关注，比如，把某个网站加入你的收藏夹，等等。记住，机遇转瞬即逝，你需要在最短的时间内接受到新鲜有效的信息，而不能等它们过期失效了才后悔。

• 分析力——这些信息对我意味着什么

当你接受到了想要的信息之后，接下来的事情就是分析和利用，使它们最终产生价值。这些信息可能促使你应聘新的职位，或趁早离开已经不景气的公司，或做好转行的准备，或下定决定参加某一方面的培训，等等。当然，促成某个决定或行动需要长期的信息积累和准备。

原载《人才市场报》

实训三　确立和追求你的职业目标

据有关机构调查显示：工作两到四年的年轻人中 70% 对自己职业前景没有信心，工作缺乏动力，生活很迷茫，觉得每天都在虚度光阴。于是想到通过跳槽来革命，可跳来跳去，最终发现"乐土"并不存在，反而成了职场流浪汉。产生这种状态的原因是什么？跳槽管用吗？如何从根本上解决问题？

案例分析

有一年，一群意气风发的天之骄子从大学毕业了，他们即将开始走向职场。他们的智力、学历、环境、条件都相差无几。在临出校门时，学校对他们进行了一次关于人生目标的调查，结果是：27% 的人没有目标；60% 的人目标模糊；10% 的人有清晰但比较短期的目标；3% 的人有清晰而又长远的目标。以后的 25 年，他们各自走向职场。25 年后，学校再次对这群学生进行跟踪调查，结果显示：3% 的人在 25 年间始终朝着一个方向不懈努力，几乎都已成为社会各界的成功人士，其中不乏行业领袖、社会精英；10% 的人短期目标不断实现，成为各自领域中的专业人士，大都生活在社会的中上层；60% 的人比较安稳地生活和工作，但都没有什么特别的成绩，几乎都生活在社会的中下层；27% 的人生活没有目标，过得很不如意，并且常常抱怨他人、抱怨社会、抱怨这个"不肯给他们机会"的世界。

其实，他们之间的差异仅仅在于 25 年前，他们中的一些人知道为什么和怎样去走向职场，而另一些人则不清楚或不很清楚。

目标有时像分水岭，轻而易举地把资质相似的人分为少数的卓越精英和多数的平庸之辈。

讨论

1. 文中所描述的"资质相差无几的天之骄子"，为何 25 年后的生活境况却大相径庭？
2. 此文说明了什么道理？你有何启发？
3. 你是否有一种要做点什么的冲动？从何着手呢？

要点提示

（一）拟定职业目标意义和作用

古人曰"预则立，不预则废"。很多人事业上发展不顺利不是因为能力不够，而是选择了并不适合自己的工作，只有准确地定位职业目标，善用自己的资源，集中精力，这样才可以使自己的职业生涯获得更加长足的发展。这是职业发展的客观规律，也是职业生涯规划的关键一步，它意味着职业生涯规划的其他环节是否有意义。

（二）拟定职业目标原则

通常职业目标分短期目标、中期目标、长期目标和人生目标。短期目标又分日目标、周目标、月目标、年目标，中期目标一般为三至五年，长期目标一般为五至十年。

职业目标是职业规划的重点，其正确与否直接关系着事业的成败。拟定符合实际的职业目标应遵循以下原则：

1．清晰性原则

拟定职业目标应考虑目标、措施是否清晰、明确，实现目标的步骤是否务实有效。

2．程度适中的原则

目标应既具有挑战性，又不至于过高而不符合实际。个人的职业目标一定要同自己的能力，个人特质及工作适应性相符合，一个学历不高又无专业特长的员工，却一心想进入管理层，在现代企业中显然不切实际。

3．一致性原则

拟定职业目标应使主要目标与分目标应一致，短期、中期、长期目标应一致，个人目标与行业企业发展目标应一致。

4．激励性原则

职业目标应符合自己的性格、兴趣和特长，这样能对自己产生内在激励作用，最大限度地发挥你的潜能，即使是实现目标的过程很辛苦，你也会感到生活充实，快乐无比！

（三）拟定职业目标要点

职业生涯目标的设定，是职业生涯设计的核心。一个人事业的成败，很大程度上取决于有无正确适当的目标。因而，职业目标的拟定需要特别慎重，确保其科学性。

• 首先要树立正确的生涯发展信念。生涯发展的信念是事业成功的基本前提。没有发展向上的信念，事业的成功也就无从谈起，俗话说"志不定，天下无可成之事"。立志是人生的起跑点，反映着一个人的理想、胸怀、情趣和价值观，影响着一个人的奋斗目标及成就的大小。所以，在制定生涯规划时，首先要确立人生志向，这也是你职业生涯规划最重要的一点。

• 其次要有明确清晰的职业定位，并以自己的发展方向为主线，细化职业目标为短期目标、中期目标、长期目标，使其呈阶梯状，利于自己循序渐进，逐步超越和提高。对于职业，谁都希望一下子找到适合于自己发展的行当、职位，一步到位。但这更多的只是愿望。路总是曲折的，情况也一定复杂，人生常常是要经历长时间的努力，渐进地慢慢接近目标。因而职业生涯目标的设计要考虑实施的复杂性，同学们更要有韧性、耐心。

• 再次要与社会需求相联系。每一个人都处在一定的社会环境之中，离开了这个环境，便无法生存与成长。所谓"时势造英雄"，说的就是社会对人的作用。认清了时势，才能实现俗话说的另一面："英雄造时势"。只有充分适应与满足社会需要，个人才会获得最大实现。所以，在制定个人的职业目标时，要分析社会环境条件的特点、环境的发展变化情况、自己与环境的关系、自己在这个环境中的地位、环境对自己提出的要求以及环境对自己有利的条件与不利的条件等等。只有对这些因素充分了解，才能做到避害趋利，使职业目标定位具有实际意义。

• 最后要与自我特点相联系。职业生涯目标的设定，也是人生目标的抉择，其抉择是以自己的最佳才能、最优性格、最大兴趣、最有利的环境等条件为依据确立的。顺势

而为，方能引人入胜。在此基础上确立的职业目标，是促使你职业生涯成功的重要前提。它会使你的职业发展更具优势，使你的全部精力和才能聚焦到实现你的职业理想中来！

活动训练

任务一：采访追寻成功经历，搜寻职业目标的确立与成功的必然联系。

锁定你欣赏的一位行业成功人士，做个采访，了解其成长和成功经历，找寻成功人士的奋斗源泉，从而理解职业目标对职业生涯发展的重要意义。

建议：将所采访的资料内容整理编排，在同学之间交流，也可开办一个交流展示会，让大家共享。

任务二：演讲会

演讲题目：《你已经确立职业目标了吗？》，或自拟题目。

要　　求：主题突出，任务明确，有理有据，措辞得当，声情并茂，精神饱满，感染力强，印象深刻。

任务三：

① 拟定职业目标

从自身特点和社会职业发展评估两方面，罗列拟定职业目标应考虑的要素，并制定自己详细的职业目标。

② 开展"请为我鉴定"活动

活动内容：同学们将自己制定的详细职业目标，落实成文，请至少三个同学（也可是老师、家长或了解自己的朋友）来为自己鉴定，俗话说旁观者清，自己身边的人会更客观、理性地给予一些建议。

活动目的：通过此活动，及时调整职业目标，以最大限度保证其科学性、合理性。

③ 强化职业目标活动

方法一：将自己的职业目标写在纸上，分别贴在家里自己的书桌前、铅笔盒上等自己常看到的醒目位置；

方法二：将自己的职业目标告诉父母、亲友，以求得他人的帮助和鞭策；

方法三：以"职业目标是实现你美好职业理想的翅膀"为题，举办主题班会，向全班同学讲述自己的职业目标。

感悟

（一）回答下列问题。

你儿时的理想是什么？是否有过更改？

你现在的学习有动力吗？为什么？

你是否常常给自己确立目标？是否早就认识到了职业目标的重要性了？

（二）观察职业目标明确的同学，发现其职业目标的重要作用在他们身上的哪些方面？是如何体现出来？

（三）"问问你自己"

① 我想往哪个方面发展？
我能往哪方面发展？
我可以往哪方面发展？
② 对我的职业目标具体描述是？（分为短期目标、中期目标、长期目标）
我的职业目标是在认真地自我评估和分析职业之后拟定的？
我现在的努力与人生的基本目标相一致？
我的职业选择能帮助我实现人生的最终目标吗？
我的职业目标能发挥我的长处和优势吗？
我的职业目标与社会发展需求相一致吗？
预测我的职业目标实现的几率有多少？

回顾

职业目标的设定是职业生涯规划的核心。一个人事业的成败，很大程度上取决于有无正确适当的目标。没有目标如同大海的孤舟，四野茫茫，没有方向，不知道自己应走向何方。只有树立了目标，才能明确奋斗的方向，犹如海洋中的灯塔，引导你避开险礁暗石，走向成功。

职业定位是职业生涯规划的第一步，也是职场生涯的第一步，这一步决定了未来职业发展的方向，可以说是我们职场生涯的指南针，有了明确的职业定位，我们才不会迷失职业方向。

『案例故事』

职业迷茫

林小，毕业于北京某职业学校文秘专业，参加工作已5年多。刚毕业时，父母托关系把她安排到了一家报社工作。虽然是份受人羡慕的工作，但她工作成绩始终不行，压力越来越大的林小就辞职了。第二份工作是一家公司的文员，平时做一些打字之类的琐碎小事，学不到什么东西，于是林小又辞职了。后来她又找了几份工作，都和第二份工作差不多。目前林小在一家公司做经理秘书，对这份工作，林小还是比较满意的。最近同学聚会，林小发现周围的老同学个个比自己混得好，有些已当上了经理。再看看自己，经理秘书虽听起来不错，但不过是吃青春饭，说不定哪天就失业了，所以林小想换一份稳定的工作。想来想去除文员、经理秘书这些也想不出其他工作了，该怎么办呢？何去何从，林小陷入了深深的"职业迷茫"中。

实训四　命运就在你手里

目前，职业生涯规划是企业招聘员工的评价标准之一，但实际上现在的职场人士有职业规划和定位者少之又少，日前一项最新的调查显示，国内70%左右的应届毕业生，都对自己未来的职业定位和职业发展感到困惑，不知道将来到底应该从事什么职业。很多人以继续读书提高学历来缓解就业压力，这已经引起了教育界和用人市场的担忧。提高学历变成了得过且过的一招鲜，充电并不是解决职场定位模糊的出路，只有找准自己的位置，才能有的放矢的充电。

『案例Ⅰ』

朱红，25岁，2003年7月毕业于上海某职业学校计算机专业，刚毕业就面临就业高峰年，当时就业竞争非常激烈，迫于就业的压力，朱红毕业后利用业余时间自考大专学历。抱着"先就业，再择业"的心态，在过去四年期间，朱红也在不同的行业从事过很多岗位，她先后五次更换工作，其间也曾参加过很多的培训和职业资格考试，想努力提升自己的能力和水平来尽快缩短与目标的距离，但因为跳槽频繁，经验的缺乏和不懂得求职技巧而屡屡失败。辛辛苦苦参加的培训，结果对自己一点用处也没有，白白浪费了自己的时间和精力。

『案例Ⅱ』

二十岁刚出头的王标是一家小型纺织厂的文员，然而，他小小年纪竟然在2年中换了6份工作，从事过打字员，餐厅服务，企业文员，导游，公司前台等工作，现在的他对自己的职业生涯一片茫然，已不知道该往哪边走。其实早在学校上学期间，王标就清晰地拟定了自己的职业目标，准备为目标的实现努力奋斗，最开始还是照着计划向目标去做的，但是总是出现这样或那样的事情，出现些意外的情况，做着做着就渐渐觉得失去了对目标的清晰，慢慢开始产生动摇，开始怀疑当初目标制定的正确与否，在计划的实地操作过程中出现了停顿，转向甚至倒退。于是，换工作便成了家常便饭。

讨论

1．通过上述案例Ⅰ看出职业规划对我们职业生涯发展的重要意义，那么，应何时职业规划合适呢？其内容包括哪些？

2．我们除了尽可能保障职业目标的科学性，还可以采取哪些方法进行"目标管理"，提高其韧性？

3．说说我们在职业规划的过程中，为了职业目标的实现应做好哪些准备？

4．上述案例Ⅱ中，王标的经历极具代表性，分析本来清晰的职业目标变得模糊的原因可能有哪些？

5．科学的职业生涯规划应是怎样的标准？

要点提示

伟大的事业往往是从平凡的小事情做起的。成功者的共同特点，就是能做小事情，能够抓住生活中的一些细节,踏踏实实地做下去。善于从小事、从最具体的职业岗位做起,只要这种小事、具体事与自己的最终职业目标一致,有利于个人职业目标的实现,都可以选择确定为自己的最初职业岗位。人的职业生涯规划就是这样一件可以由若干件小事(行为)所组成的大事,立足于小事,才能成就大事。

（二）设计职业规划的线索和方式

通过本单元实训一、实训二的学习,我们做到了知己和知彼,科学地评估自我条件、评估职业环境之后,我们拟定了符合社会职业发展,符合自我特点的职业目标,下一步就要在科学的创业理念指引下,对我们的职业生涯作一个整体系统的规划与设计,但设计之前要先理清职业生涯规划的线索,确立设计方法。

设计职业规划的线索大都以时间发展为线索,还可以目标类别为线索。以时间为线索为例,可以按照现在的我、明天的我、将来的我为规划模式,也可按照年龄如20岁时、30岁时、40岁时为序划分职业发展阶段。职业生涯目标规划,应分别定出十年计划,五年、三年、一年计划,以及一月、一周、一日的计划。计划定好后,再从一日、一周、一月计划实行下去,直至实现你的一年目标、三年目标、五年目标、十年目标。明确发展目标：今生今世,你想干什么？想成为什么样的人？想取得什么成就？想成为哪一专业的佼佼者？

十年大计：二十年计划太长,容易令人泄气,十年正合适,而且十年工夫足够成就一件大事。今后十年,你希望自己成为什么样子？有什么样的事业？将有多少收入？要过上什么样的生活？你的家庭与健康水平如何？把它们仔细地想清楚,一条一条地计划好,记录在案。

五年计划：定出五年计划的目的,是将十年大计分阶段实施。并将计划具体化,将目标进一步分解。

三年计划：俗话说,五年计划看头三年。因此,你的三年计划,要比五年计划更具体、更详细。因为计划是你的行动准则。

明年计划：定出明年的计划,以及实现计划的步骤、方法与时间表。务必具体、切实可行。如果从现在开始制定目标,则应单独定出今年的计划。

下月计划：下月计划应包括下月计划做的工作,应完成的任务、质和量方面的要求,财务收支,计划学习的新知识和有关信息,计划结识的新朋友等等。

下周计划：计划的内容与月计划相同。重点在于必须具体、详细、数字化,切实可行。而且每周末提前计划好下周的计划。

明日计划：取最重要的三件至五件事,根据事情的轻重缓急,按先后顺序排好队,按计划去做,可以避免"捡了芝麻,丢了西瓜"。

此外,以目标类别为线索,可以按照拟定的短期目标、中期目标、长期目标模式来设计,这里不作详细介绍。

设计职业规划的方式是不拘一格的,可以设计成表格、图示及文字等等。但要注意突出其简洁明了、步骤明确、方向清晰、便于操作等特点。

（三）职业生涯设计的内容

完备的职业生涯设计的内容包括：

- 标题
- 姓名
- 规划期限（年龄跨度）
- 评估自我（优势、劣势）
- 分析社会环境、职业发展情况
- 职业目标确定（并分解目标细化为阶段目标）
- 制定完成目标的具体措施和实施方案
- 检查和反馈

（四）科学职业生涯设计的标准

科学的职业生涯设计应具备以下六个方面。

首先是规划的可行性。其中包括各种常规的操作流程，以及各种保证措施等等。

其次是突出职业发展规划的阶梯性。"阶梯"不能太矮，应具有挑战性，一阶段目标上升到前一目标都是需要付出汗水努力才能够达到，是要你"跳"起来才够着的；同时，"阶梯"也不能太高，可望不可即，脱离了现实范围，美好的理想就成为泡影。

第三是明确的实现目标及时间期限。由于人生具有发展阶段和职业生涯周期发展的任务，职业生涯规划与管理的内容就必须分解为若干个阶段，并划分到不同的时间段内完成。

第四是拟定详细且周全的内容。清楚、可行的保证措施往往需要全面真实的信息、知识技能来支撑，缺少了知识含量的计划同样会被各种突发情况冲击得千疮百孔，无法继续执行下去。

第五是坚持全程推动原则。规划注重纵贯全程，具有长期性、持续性特点。拟定生涯规划时必须考虑到生涯发展的整个历程，作全程的考虑。在实施职业生涯规划的各个环节上，进行全过程的观察、设计、实施和调整，以保证职业生涯规划与管理活动的持续性，使其效果得到保证。

第六是坚持动态目标原则。职业规划需不断完善、适时地修改。俗话说"计划赶不上变化"。影响生涯规划的因素诸多，有的变化因素是可以预测的，而有的变化因素难以预测。在此状况下，要使生涯规划行之有效，就须不断地对生涯规划进行评估与修订。将计划不断的完善，保持目标完成的路上能做到无懈可击最好。

活动训练

1. 讨论交流

举例说明与他人交流的有效技巧；说明当来自同学朋友的压力与自己的看法相悖时，应该采取怎样合适的举止；说明处理冲突、压抑和各种情绪的好方法……

2. 搜集材料

搜寻："成功人士"的故事，从中找出其中的优秀品质，及其优秀品质与成功的必然联系。

列举"成功人士"的成功感言，从中得到启发。

3．设计自己的职业生涯规划

• 书写形成职业生涯规划

同学们设计书写自己的职业生涯规划，同学之间交流，或向老师请教，或征求家人意见，经过反复认真地琢磨、探讨、设计过程，最后定稿。

• 评比最佳职业规划设计

可以以班级或专业为单位，拟定出一套评比标准，评选出最佳的职业规划设计，并进行表彰，将其设计文案予以展示。

• 宣传自己的职业生涯规划

在班级里、家庭中大声地宣传自己精心设计的职业规划，并认真细致地讲解给同学、老师、父母及亲友听，以取得他们的监督和鞭策。

• 自我鞭策

把自己的职业生涯规划中每一阶段的任务都写在纸上，展现在眼前，让自己知道该如何行动。

感悟

（一）我能做到自省

1. 创业成功需要我具有的品质有：_____。

但我不具有的优秀品质有：_____。

我需要采取的可行的弥补措施有：_____。

2. 在职业生涯发展中，我信守的格言有_____。

在创业过程中，我会经常激励自己，对自己说一句话是：

_____。

（二）"我是未来的设计师"

理解图示并按要求填写。

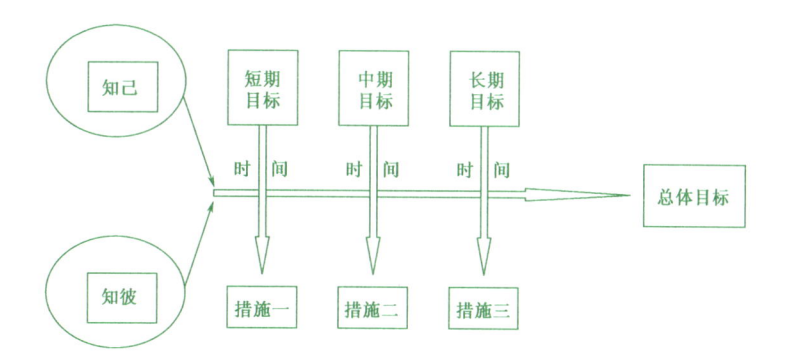

结束语

"职业生涯规划"实际上就是"人生战略设计"。成功的人生需要正确规划,一个人成功与失败,其差别就在于能不能管理好自己的人生规划。一个人现在站在哪里并不重要,但是下一步迈向哪里却非常关键。同学能够在人生道路上设计好自己的人生策略,不放松学习,时刻保持进取心,善于总结经验吸取教训,就为自己的成功人生奠定了基础!制定一个科学的职业生涯规划,对于选择最佳职业生活,优化职业生涯过程,创造最大的人生价值,将会大有裨益!

第三单元

做懂礼、守礼的职业人

从青涩的学生变成潇洒自信的职场新人，对每个即将走上工作岗位的青年人来说，都是一场挑战。那么，职场新人如何在全新的职场环境中表现自己的自信与实力，迈出成功的第一步呢？

实训一　从头到脚大改造

著名的人际关系专家阿尔伯特·罗宾对人们的直接交往进行研究后指出：一个人留给他人的第一印象受几个方面因素的影响，其中，说话内容本身占7％，说话方式（语速、语调、音量等）占38％，非语言信息（面部表情、身姿、行为、服饰等）占55％。可见，人的外在信息在给他人的印象中占有举足轻重的分量，没有一个得体、优雅、文明的外在形象，很难树立起一个良好的个人形象。得体的穿着、优雅的姿态，不但可以体现一个人的文化修养，也可以反映他的审美情趣。作为职场新人，要想给用人单位留下良好印象，首先要对自己的形象进行改造，为自己设计成功的另一张名片。

案例分析

都是衣服惹的祸

王刚是某职业学校计算机网络技术专业的应届毕业生，他从招聘网站上看到一家公司招聘网络维护技术人员，他认为自己各方面条件都符合，就发了简历过去。两天后，公司通知他去面试。王刚平时喜欢运动，平时都是穿运动装。接到面试通知时，他也想过穿着的问题。但是他曾在网上看到一篇文章，说一般搞网络维护技术的人员，穿着都很随意，有的公司甚至允许穿着拖鞋上班。所以面试那天，王刚穿着T恤衫、运动裤就去了。面试过程中，虽然王刚对各个环节都应付自如，技术上也没问题，但是最后他却没有被录用。后来，他被告知未录用的原因是着装问题，因为他面试的那家公司对员工的着装是有严格要求的。

讨论

1. 请从着装的角度分析王刚未被录用的原因。

2. 请帮助王刚设计一套面试服装。

序号	服饰种类	你的选择				
		质地	色彩	图案	款式	尺寸	其他
1	衬衫						
2	西服						
3	领带						
4	袜子						
5	鞋						
6	其他						

（以上表格仅供参考）

要点提示

着装体现你的品位
☆ 选择正装的款式大方、得体
☆ 服饰配色要协调
☆ 鞋袜搭配要恰当

1. 选择正装的款式大方、得体

（1）男生篇

男生应该选择裁剪良好、款式经典的西服套装，切忌太过前卫的设计。衣服的面料最好是比较易于打理又不易变形的。

（2）女生篇

女生在正式的场合最适宜的职业女装是套裙。套裙的面料最好是纯天然质地且质料上乘，上衣与裙子应当采用相同面料。所选款式应与体型相符，起到扬长避短的作用，并使着装者看上去优雅、端庄、动人。

2. 服饰配色要协调

（1）男生篇

西服颜色以黑色、灰色、深蓝色为宜，最好是纯色的，不要有大格子、大条纹。

衬衫要选用面料挺、好一点。面料挺括、材质较好，颜色最好是白色的长袖衬衫，并且要注意和西装的颜色搭配是否合适。短袖的衬衫太过休闲，不推荐穿着。

领带宜选用保守一些的、传统的条纹，如几何图案和佩斯利螺旋花纹。要注意和西装、衬衫颜色的协调性。

（2）女生篇

套裙基本上应以冷色调为主，色彩宜少，全套一般不要超过两种颜色，图案忌花哨，且不宜添加过多的点缀，如绣花、亮片、花边等。

与套裙配套穿着的衬衫，要轻薄而柔软，可选择真丝、麻纱、府绸、涤棉、罗布等面料。颜色以单色为佳，只要不是过于鲜艳，同时与所穿套裙的色彩协调，均可选用。

3. 鞋袜搭配要恰当

（1）男生篇

在出门前把鞋子擦干净并且上些鞋油，保证鞋子是完好的。光亮的鞋子能够表现出你专业的做事风格以及良好的职业素养。要注意鞋子的颜色和套装相配，黑色是个很好的选择。

袜子要注意颜色的选择，一般以深色为好。另外，袜子也不宜过短，以免坐下时露出小腿。

（2）女生篇

与套裙相配的鞋子最好是皮鞋，以黑色最为正统。当然，与套裙色彩一致的皮鞋也可选择，但鲜红、明黄、艳绿、浅紫等建议尽量不选。皮鞋款式宜为高跟、半高跟的船

式皮鞋或盖式皮鞋为佳，系带式皮鞋、丁字式皮鞋、皮靴、皮凉鞋等是不适宜的。

袜子可选高筒袜与连裤袜，颜色可搭配套装颜色，选择肉色、黑色、浅灰、浅棕等单色袜。中筒袜和短袜是绝对不宜与套裙同时穿的。彩色、白色、红色、蓝色、绿色、紫色等色彩的袜子，也都是不适宜的。

礼仪提示牌

姿态彰显你的形象
- ☆ 站姿　　☆ 坐姿
- ☆ 走姿　　☆ 蹲姿

姿态	基本要求	礼仪禁忌
站姿	1.头正，双目平视，嘴角微闭，下颌微收，面容平和自然。 2.双肩放松，稍向下沉，人有向上的感觉。 3.躯干挺直，挺胸、收腹、立腰。 4.双臂自然下垂于身体两侧，中指贴拢裤缝，两手自然放松（侧放式）；或右手搭在左手上，自然贴在腹部（前搭手式）；或两手背后相搭在臀部（后背手式）。 5.双腿立直、并拢，脚跟相靠，两脚尖张开呈"V"字形，身体重心落于两脚正中；男士双脚也可以平行、分开站立，更显洒脱。	1.身躯歪斜 2.弯腰驼背 3.趴伏倚靠 4.双腿大叉 5.双手抱胸、叉腰或插口袋 6.脚位不当 7.浑身乱动
坐姿	1.入座时要轻、缓、稳。就座时，应转身背对座位，轻稳坐下。女士若着裙装入座，应用双手拢平裙摆，再坐下。一般应从座位的左边入座。 2.落座后要立腰、挺胸，双肩平正放松，上体自然挺直，双膝自然并拢，双腿正放或侧放，双脚并拢或交叠或成小"V"字形（男士两膝间可分开一拳左右的距离，脚态可取小八字步或稍分开），两臂自然弯曲放在腿上，亦可放在椅或是沙发扶手上，以自然得体为宜，掌心向下。目视前方，面容平和。正式场合，一般不应坐满座位。通常是坐满椅子的2/3或1/2的位置，脊背轻靠椅背。 3.离座时要自然稳当。右脚向后收半步，而后站起。离座时也要从椅子左边离开，这是一种礼貌。	1.瘫倒在椅上 2.双腿叉开过大、伸出太远或架"二郎腿" 3.脚藏在座椅下或脚勾椅腿 4.腿放上桌椅 5.腿部乱晃 6.脚尖指向他人

续表

姿态	基本要求	礼仪禁忌
走姿	1. 姿态正确。行走时，上身应当基本保持站立的标准姿势，挺胸收腹，腰背笔直，目视前方，肩平不摇。两臂以身体为中心，前后自然摆，前摆约35度，后摆约15度，手掌朝向体内。起步时身子稍向前倾，重心落前脚掌，膝盖伸直，脚尖向正前方伸出，行走时双脚大致走在一条直线上。 2. 步幅适当。行走时，最佳的步幅应为男子每步约40厘米，女子每步约36厘米。步子的大小，应当大体保持一致。 3. 速度适中。应根据服装、场合等因素决定步速，一般应保持步速的相对稳定，不宜过快或过慢。一般每分钟60-100步左右都是比较正常的。	1. 内、外八字脚 2. 歪肩晃膀 3. 弯腰驼背 4. 扭腰摆臀 5. 左顾右盼 6. 背手、叉腰、插口袋 7. 脚蹭地面
蹲姿	下蹲拾物时，一般左脚在前，左脚全脚掌着地，小腿基本垂直于地面，右脚在后，右脚跟提起，脚前掌着地，两腿靠紧向下蹲，两腿合力支撑身体，掌握好身体的重心，臀部向右脚跟蹲下。男士两腿间可留有适当的缝隙，女士则要两腿并紧，穿旗袍或短裙时需更加留意，以免尴尬。	1. 突然下蹲 2. 低头、弯背、翘臀部 3. 双腿平行叉开下蹲

活动训练 I

【训练题目】职业形象设计大赛

【训练要求】

一、活动准备

1. 分组：根据学生人数将学生分成8人一组，每组男女生各4人，小组内部再分成由一男一女组成的a、b、c、d四个表演队。要求每组的a、b、c、d表演队分别塑造其对应场合的形象。

2. 背景：假设你准备出席以下四种场合：a. 参加求职面试 b. 日常上班 c. 参加公司组织的社交晚宴 d. 外出拜访客户。请从着装、发型、化妆、包或其他配饰等方面准备一套最适合自己的形象设计，并进行展示表演。

二、活动程序

1. 个人职业形象设计准备，准备时间10分钟。

2. 职业形象设计展示

（1）展示顺序：按照a、b、c、d场合分为四轮展示，即第一轮为a求职面试场合下的形象展示，先由各组a表演队的男生进行集体展示，再由各组a表演队的女生进行集体展示。以后三轮依此类推。

（2）展示要求：展示者在表演区外站立等候，听到开始口令后，步入教室的表演区中间站立，以自己的方式向大家问好，用一分钟左右的时间阐释自己的设计意图，选取一种坐姿坐在椅子上，起立侧身走向教室另一侧下台。每人不宜超过3分钟。

3．评比点评

（1）每轮展示结束后，教师根据上台展示表演同学的着装、化妆、站姿、走姿、坐姿以及设计意图等方面的正确性进行提问，同学们进行讨论、点评，认真填写自我形象塑造活动评价表并将展示者具有代表性的表现记录在备注栏。

（2）所有展示结束后，各组讨论并汇总评价结果，评选出"最佳职业气质奖"、"最佳形象设计师"、"最佳服装搭配师"、"最佳职业仪态奖"四个奖项。

【训练提示】

1．分别安排好评委、主持人、模特等不同角色。

2．教师提问或点评用语示例：（供参考）

（1）在参加面试（上班／晚宴／拜访客户）时，这样的着装是否得体？

（2）他（她）的化妆好在哪里？是否与他（她）的脸型、年龄、服饰与场合相适应？

（3）他（她）的鞋与服装的搭配是否得当？

（4）他（她）的鞋是否有点脏？

（5）他（她）的袜子颜色是否太花了？

（6）他（她）的背包与这个场合合适吗？

（7）这样的站姿（坐姿／走姿）是否正确？

（8）他（她）的微笑让我如沐春风，注重着装和举止很重要，内在修养更宝贵。

（9）他（她）的服饰搭配让我觉得很舒服。

（10）对于塑造个人形象，你最关注哪些方面？

（11）你为什么选择这种颜色的套装（衬衫／西服／裙装）？

（12）你认为自己在塑造自我形象上最成功的地方是什么？最失败的地方是哪里？

3．自我形象塑造活动评价表（供参考）

评价人：　　　　　　　　评价日期：　　年　　月　　日

姓名	评价项目											
	着装	发型	化妆	配饰	站姿	走姿	坐姿	表情	眼神	语言表达	综合评价	备注
形象塑造问题汇总												

说明：

1．每个评价项目最高分为 5 分，最低分为 0 分。

2．综合评价分为各评价项目分值之和。

3. 每位同学在评价他人之前，可先对自己的形象塑造进行自评。

活动训练 Ⅱ

台下大练功

在训练过程中，可配以轻松、舒缓的音乐，调整心境，减轻疲劳。

1. 走姿训练。在地面画一条直线，要求行走时双脚内侧踩到这条线。
2. 站姿训练。每次训练 5-10 分钟。
（1）两人背靠背站立，背与背之间夹一张纸。要求两人脚跟、小腿、臀部、双肩、背部、后脑勺都贴紧，纸不能掉下来。
（2）单人背靠墙站立，要求脚跟、臀部、双肩、背部、脑后部贴紧墙面，两膝之间夹一张纸，头顶一本书，纸和书都不能掉下来。
3. 坐姿训练。
（1）练习入座和离座的姿态。
（2）练习正坐、侧坐、重叠式坐姿。
4. 蹲姿训练。
（1）设计集体合影时前排下蹲的场景，练习交叉式蹲姿。
（2）设计拾物时的场景，练习高低式蹲姿。

感悟

通过培训，我了解了＿＿＿＿＿＿＿＿＿＿＿＿＿＿＿＿＿＿＿＿＿＿＿＿＿＿＿；
通过培训，我学会了＿＿＿＿＿＿＿＿＿＿＿＿＿＿＿＿＿＿＿＿＿＿＿＿＿＿＿；
通过培训，我提高了＿＿＿＿＿＿＿＿＿＿＿＿＿＿＿＿＿＿＿＿＿＿＿＿＿＿＿；
通过培训，我改进了＿＿＿＿＿＿＿＿＿＿＿＿＿＿＿＿＿＿＿＿＿＿＿＿＿＿＿。

回顾

人们常说的第一印象，往往来自一个人的仪表。仪表，即人的外表，包括人的仪容、服饰、姿态等方面，是人的精神面貌的外在表现。人们经常从一个人的外表，来判断一个人的涵养和习性。穿着不当，举止不雅，往往会损害个人形象。作为职场新人，穿着打扮、举止姿态必须既符合身份，又符合行业规范，还要符合一定的时间和场合，既展示自身风貌，又体现所在企业的良好形象。另外，塑造自我形象要注重内外兼修，要在平时的学习生活中注重内在修养的提升。

实训二 微笑是最好的名片

微笑，是一个人内心真诚的外露，它具有难以估量的社会价值，它可以创造难以估量的财富。正如卡耐基所说："微笑，它不花费什么，但却创造了许多成果。它丰富了那些接受的人，而又不使给予的人变得贫瘠。它在一刹那间产生，却给人留下永恒的记忆。"

微笑，已成为一种各国宾客都理解的世界性欢迎语言。微笑是一种天然资源，表达出的是对他人的理解、关爱和尊重，表现着人际交往中友善、诚信、谦恭、和谐、融洽等最美好的情感因素，而且反映出交往人的自信、涵养与和睦的人际关系及健康的心理。对身在职场的你，微笑是不需要投资，但是却有着很好回报的名片。

案例分析

酒店服务员的故事——微笑的力量

王红是一名酒店服务与管理专业的中职毕业生，在某四星级酒店的餐饮部实习，做服务员工作。按酒店规定，实习期满合格的实习生可以正式录用，工资为每月1800元。

王红在实习期间一直表现良好，哪知道，就在临结束实习期的前两天，却发生了一件意想不到的事。那天晚上，有个台商点名要王红去为他送一杯咖啡。当时，王红正为其他几位贵宾服务，忙得脱不开身，等送去咖啡时，比约定的时间迟到了近10分钟。当王红面带微笑地对台商说："先生，首先感谢您对我的欣赏和信任。但由于暂时没能抽出身来，耽误了您的时间，我感到非常抱歉！"但那位台商却不领情，把手一扬，正好碰到王红双手捧着的咖啡杯，杯里的咖啡溅了她一身。可台商却视而不见，指了指手表说："多长时间了？像你们这样服务，还有人再来吗？"王红知道遇上了找茬儿的客人，接下来的时间里，就更加全心全意地为他服务，不敢有半点马虎。尽管台商仍一副怒气冲冲的样子，她却始终挂着一脸甜甜的微笑。台商说英语，她就用英语配合；台商说普通话，她就用普通话与他沟通。台商的态度冷漠而傲慢，临走的时候还问："有意见簿吗？"王红心里一沉，暗想：看来客人还是不能原谅我，如果遭到他的投诉，我这几个月来的努力岂不白费了？尽管十分委屈，王红还是表现得非常有礼貌，仍然面带微笑地双手呈上意见簿，并向客人真诚地说："我为今晚的服务不佳表示道歉，欢迎您提出宝贵意见，我会欣然接受您的批评。"

时隔两天，在餐饮部经理宣布录用员工的晨会上，果然没有念到王红的名字。王红委屈得满脸通红，泪水直在眼眶里打转。没想到的是，接下来，经理又宣读了任命书，说是根据酒店一位大股东的特别提议，任命她为餐饮部的领班。

会后，餐饮部经理带王红去见了那位大股东。没想到，就是那晚刁难她的台商。他说："通过几天的观察，我觉得你综合素质不错，但真正征服我的，还是你始终挂在脸上的甜美灿烂的微笑。尤其是那天，你经受住了我的一次次考验，以满分的成绩印证了你的微笑是多么的真实！"

讨论

1．为什么大股东会提议王红做餐饮部的领班？
_____
2．你认为王红做得最好的地方是什么？
_____

要点提示

微笑的基本做法
不发声、不露齿，肌肉放松，嘴角两端向上略微提起，面含笑意，亲切自然，使人如沐春风。

微笑的基本要求
☆ 真诚，发自内心
☆ 适度得体
☆ 区分场合与对象

1. 真诚，发自内心

发自内心的微笑，应当具有丰富的内涵，应当体现一个人内心深处的真、善、美。微笑应是内心情感的真实流露，无任何做作之态。只有笑的真诚，才能使人感到亲切自然、轻松愉快，才会有助于彼此沟通与心理距离的缩短。

2. 适度得体

人的笑容是多种多样的，但是在工作岗位上，只有微笑是最标准、最具魅力的表情。要笑的得体，笑的适度，才能充分表达友善、诚信、和蔼、融洽等美好的情感。不要故意掩盖笑意、压抑喜悦影响美感，也不要咧嘴哈哈大笑。

3. 区分场合与对象

微笑是待人的基本表情，是"世界通用语言"，但在学会微笑的同时，也要善用微笑。微笑要适宜，要区分场合与对象。例如：特别严肃的场合，当别人做错了事、说错了话时，当别人遭受重大打击，心情悲痛或痛苦时，均不宜笑。

微笑四不要
- ◇ 不要缺乏诚意，强装笑脸
- ◇ 不要露出笑容随即收起
- ◇ 不要仅为情绪左右而笑
- ◇ 不要把微笑只留给上级、朋友等少数人

活动训练

【训练题目】你会微笑吗？

【训练要求】

（1）学生自备一面小镜子（或在形体训练室的壁镜前）练习或者两两一组面对面进行练习。

（2）练习结束后，评选出微笑最自然、真诚、得体的"微笑天使"。

【训练提示】微笑的训练方法

发声训练法：深呼吸，然后慢慢地吐气，并将嘴角两侧对称往耳根部拉，发出"一"或"七"的声音。

情绪记忆法：多回忆美好往事，纵然遇到不如意的事情，也要提醒自己要面带微笑。

他人诱导法：面对镜子，听他人讲笑话，同时矫正笑姿。

携带卡片法：随身携带一张写有"微笑"的卡片，随时随地提醒自己保持微笑。

感悟

通过培训，我了解了＿＿＿＿＿＿＿＿＿＿＿＿＿＿＿＿＿＿＿＿＿＿＿＿＿＿＿；

通过培训，我学会了＿＿＿＿＿＿＿＿＿＿＿＿＿＿＿＿＿＿＿＿＿＿＿＿＿＿＿；

通过培训，我提高了＿＿＿＿＿＿＿＿＿＿＿＿＿＿＿＿＿＿＿＿＿＿＿＿＿＿＿；

通过培训，我改进了＿＿＿＿＿＿＿＿＿＿＿＿＿＿＿＿＿＿＿＿＿＿＿＿＿＿＿。

回顾

微笑，一旦成为从事某种职业所必备的素养后，就意味着不但要付出具有实在意义的劳动，还需付出真实的情感。一个人在微笑时，还要注意面部其他部位的相互配合，目光要柔和发亮，眉头要自然舒展。在不同的场合，微笑也要有分寸。真正的微笑应发自内心，渗透自己的情感，表里如一，毫无包装或矫饰的微笑才具感染力，才能成为"最好的通行证"。

知识链接

"微笑服务"的作用

微笑有重要的意义。微笑服务，是热情待客的表现，"笑迎天下客"是服务工作的宗旨，是与客人打交道的基本态度。

（1）微笑能把你的友好和关怀有效地传递微笑的普遍含义是接纳对方、热情友善。对于饭店来说微笑的含义是对客人的诚意与爱传递给的宾客，使宾客对你产生第一好印象，消除尴尬。

（2）微笑可以消除宾客的陌生感，融洽与宾客的关系，成为增进了解和友谊的桥梁，用微笑征服客人。

（3）微笑增强了信任感，缩短宾客与服务人员在感情上的距离，易于接近，交谈。

（4）微笑能感染宾客的情绪，创造和谐交往的基础，消除双方的戒心与不安，迅速打破僵局，是化解惊恐和唐突的最佳办法。

（5）微笑是心灵的钥匙，敞开双方的心扉不仅能给宾客带来精神上的愉快，也能体现出服务人员自身修养和服务的素质。

（6）微笑对人体健康有利，"笑一笑十年少，愁一愁白了头"！要有"助人为乐，以苦为乐，自得其乐"的思想境界。

微笑还可以消除肌肉过分紧张的状况，服务人员应学会调整自己的心态，运用服务技巧，用自信、稳重的微笑服务征服客人。

小知识

10个理由让你"微笑"

在社会交往中，至少有10条理由让你微笑：

1. 笑比紧锁双眉要好看
2. 别人心情愉快
3. 自己更自信
4. 你看起来更有魅力
5. 别人减少忧虑
6. 示友善
7. 给别人良好的印象

8. 给别人微笑，别人也自然报以微笑
9. 助于结交新朋友
10. 一个微笑可能随时帮你展开一段终生的友谊

礼仪名言

真正值钱的是不花一文钱的微笑。——查尔斯·史考勒
只用微笑说话的人，才能担当重任。——西谚
微笑乃是具有多重意义的语言。——施皮特勒
你的脸是为了呈现上帝赐给人类最贵重的礼物——微笑，一定要成为你工作最大的资产。——佚名

实训三 开口叫对人

人们见面后，开口说的第一句话，应该就是对他人的称呼了。称呼，是一个人区别于另一个人首要的标志。恰当地称呼别人，是构建和谐人际关系的重要细节，也是尊重他人的具体体现。因此，在工作岗位上，人们彼此之间的称呼是有其特殊性的，一定要尊重对方，要庄重、正式、规范。也许你的成功就是从开口叫对人开始的。

『案例1』

小心叫错人

受领导委派，李丽到机场接几位客人。在拥挤的大厅里，李丽看到了客人出站，便急忙上前迎接。客人中有一位布莱特女士，看上去有50岁左右，李丽热情地拥抱了她，并致以问候，"欢迎您，布莱特夫人。"可是，没想到布莱特女士反映很冷淡，刚展现的笑容一下子就没了。李丽一头雾水，搞不清自己哪做错了。寒暄过后，李丽把客人们接回酒店安顿好。后来，李丽才听说布莱特女士是未婚，明白了那天她不高兴的原因。

讨论

1. 请分析布莱特女士不高兴的原因是什么？

2. 李丽应该怎样做才是最恰当的呢？

『案例II』

一句称呼换来了一份工作

方芳一毕业就找到了一份她喜欢的工作，在一家公司作行政客服，主要负责电话销售、客户咨询、统计客户资料、定期向客户推广和发送最新产品信息等。她的同学都很羡慕她，向她"取经"，而说起这份工作，却是一句称呼换来的。方芳在面试这份工作时，因为刚毕业没经验，过于紧张，表现的并不好，方芳自己都觉得没希望了。就在她面试即将结束时，一位中年男士走进来和考官轻声说了几句话，离开时，她听到考官小声说了句"经理慢走"。那位男士离开时看了方芳一眼，冲她点头地笑了笑。方芳说，就是因为那个男士鼓励的眼神，使她受到鼓舞，于是她站起身，恭敬地说："经理您好，您慢走！"经理有些惊讶，但很快又笑着对方芳点了点头。面试就这样结束了。

过了几天，方芳意外的得到了录用通知。担任考官的人事主管后来告诉她，根据她那天的表现，是打算刷掉的，但就是因为她最后对经理那句礼貌的称呼，让人事部门觉得她对行政客服工作还是能胜任的，所以录用了她。

讨论

1. 请试分析方芳顺利获得这份工作的原因。

2. 请试分析礼貌的称呼和方芳找到工作之间有何关系？

要点提示

称呼的类型

☆ 职务型称呼　　☆ 职称型称呼
☆ 行业型称呼　　☆ 性别型称呼
☆ 姓名型称呼　　☆ 官方型称呼

1．职务型称呼：以交往对象的职务相称，以示身份有别、敬意有加，这是一种最常见的称呼。

示例："张局长"、"王主任"、"李经理"、"何校长"等。

2．职称型称呼：对于具有职称者，尤其是具有高级、中级职称者，在工作中可以直接以其职称相称。

示例："张工程师"、"王技术员"、"何教授"等。

3．行业型称呼：在工作中，对于从事某些特定行业的人，可直接称呼对方的职业。

示例："王老师"、"李律师"、"赵医生"、"张会计"等。

4．性别型称呼：对于商界人士、服务性行业人士，通常按性别的不同对男士称"先生"，对未婚女性称"小姐"，对已婚女性称"女士"。若不清楚对方婚否，应称"小姐"或"女士"，不可称其为"夫人"。

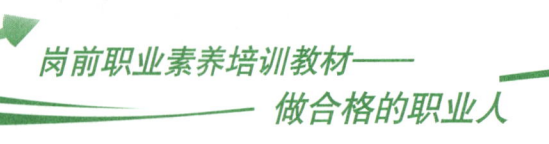

示例："李先生"、"王女士"、"张小姐"等。

5．姓名型称呼：在工作岗位上称呼姓名，一般限于同事、熟人之间。

（1）直呼其名。示例：王洋、李丽等。

（2）只呼其姓，要在姓前加上"老、大、小"等前缀。示例：老张、大杨、小李等。

（3）只称其名，不呼其姓，通常限于同性之间，尤其是上司称呼下级、长辈称呼晚辈，在亲友、同学、邻里之间，也可使用这种称呼。示例：霆锋、湘祥、晶晶等。

称呼时的禁忌

◇错误的称呼　　　　◇使用不通行的称呼

◇使用不当的称呼　　◇使用庸俗的称呼

◇使用带有污辱性的称呼　◇使用绰号作为称呼

1．错误的称呼

（1）误读。一般表现为念错被称呼者的姓名。例如：盖、查、单等姓氏就易出错，遇到此类情形，应提前做好准备或虚心求教。

（2）误会。主要是对被称呼者的年龄、辈分、婚否以及与其他人的关系做出了错误判断。例如将未婚妇女称为"夫人"。

2．使用不通行的称呼

有些称呼，具有一定的地域性，使用时要注意。例如：山东人喜欢称呼"伙计"，但在南方"伙计"指的是"打工仔"。

3．使用不当的称呼

学生可以称呼为"同学"，工人可以称呼为"师傅"，道士、和尚、尼姑可以称呼为"出家人"。但如果用这些来称呼其他人，可能会使对方产生被贬低的感觉。

4．使用庸俗的称呼

有些称呼在正式场合不适合使用。例如："哥们儿"、"姐们儿"、"瓷器"、"兄弟"等一类的称呼，虽然听起来亲切，但在正式场合使用则显得庸俗低级、档次不高。

5．使用带有污辱性的称呼

有些带有侮辱性的称呼，例如："洋妞"、"黑鬼"、"南蛮子"、"北佬"等，这些在任何场合都是不应该是使用的。

6．使用绰号作为称呼

对于关系一般的人，不要随便给对方起绰号，更不能用道听途说来的绰号去称呼对方。也不能随便拿别人的姓名乱开玩笑。

活动训练

开口叫对人

组织学生模拟以下情境,要求了解称呼的语言环境,掌握对不同人士的称呼的区别,其他人观摩并在模拟结束后分析点评。

小王被领导派到一家他从没去过的公司办事,只告诉他找该公司业务部的肖经理。到了那家公司所在的大厦,小王不知道该公司的具体位置,于是他向人询问。

A. 门口的保安人员
B. 大厅服务台的女值班员
C. 打扫卫生的大妈
D. 路过的一位年轻女士
E. 路过的一位中年男士

到了那家公司,小王找到了业务部。可是,办公室里有三个人:

A. 年轻的小伙子
B. 中年女士
C. 中年男士,哪一个是肖经理呢?

(后面的情境,请你来设计。)

感悟

通过培训,我了解了_____;
通过培训,我学会了_____;
通过培训,我提高了_____;
通过培训,我改进了_____。

回顾

对人的称呼问题,是在日常交往中很重要但又极其容易被忽略的问题。正确、得体的称呼能使交谈从开始就营造出和谐的氛围,而一个不得体的称呼则可能使人觉得别扭和难堪,使交际陷入僵局。因此,选择称呼一定要尊重他人,要合乎常规,要符合被称呼者的年龄、性别和职业习惯,分清场合,入乡随俗。

职场支招

职场新人称呼同事:要"勤"要"甜"

刚出校门的学生,对职场称呼处于摸不着头脑的阶段。刚进单位,两眼一抹黑,全是生人面孔,如何迅速融合到这个团队中?怎样给别人留下好印象?其实都是从一声简单的称呼中开始的。哪怕是甜言蜜语呢,只要恰到好处不招人烦就是成功。

新人报到后，首先应该对自己所在部门的所有同事有一个大致了解。对自己介绍后，其他同事会一一自我介绍，这个时候，如果职位清楚的人，可以直接称呼他们"张经理、王经理"等等，对于其他同事，可以先一律称"老师"，这一方面符合自己刚毕业的学生身份，另一方面，表明自己是初来乍到，很多地方还要向诸位前辈学习。等稍微熟悉之后，再按年龄区分和自己平级的同事，对于比自己大许多的人，可以继续称"老师"，或者跟随其他同事称呼。对于与自己年轻相差不远甚至同龄的同事，如果是关系很好，就可以直呼其名。再有，需要注意的是，在喊人的时候，一定要面带微笑，眼睛直视（但不是死瞪）对方，表现要有礼貌。

实训四 握手莫失仪

握手，是人们在社交场合最常见的一种见面礼仪，它既是人们在见面、告辞和解时的礼节，也是对他人的祝贺、感谢、关心或相互鼓励的表示。握手看似只是两人之间双手相握的一个简单动作，但却是沟通情感、增进人际交往的重要手段。得体的握手能让对方感受到你的真诚，能使交流变得顺畅。因此，即将走向职场的你，应该学会正确使用握手礼。

案例分析

见面不要乱伸手

受领导委派，张伟到机场接几位客人。在拥挤的大厅里，张伟看到了客人出站，便急忙迎上前去，相互介绍并握手。因为来的客人有五位，张伟显得有些慌乱，生怕怠慢了每一位客人。他一边不断地微笑着向客人致以问候，和一位先生打着招呼，"李先生，欢迎您！"，一边性急地伸出手与斜前方的王先生主动握手，眼光又望着另一个客人，搞得客人很尴尬。走在最后面的客人是一位女士，张伟同样主动地伸出双手，紧紧握住女士递过来的手，用力晃动了两下，热情地说："见到您非常高兴，欢迎您！"但是，他看到那位女士看起来很不情愿，脸色还有点不高兴。张伟一头雾水，搞不清自己哪做错了。寒暄过后，张伟把客人们接回酒店安顿好。第二天，张伟接到通知，客人的接待工作不用他去了，领导按对方要求已安排了其他人。

讨论

1. 请试分析张伟接待客人的工作被替换的原因。

_____

2. 请试分析张伟与客人握手时，客人感到尴尬的原因。

_____

3. 请试分析张伟与那位女士握手时，女士不高兴的原因。

_____

要点提示

握手的基本方式

行握手礼时，双方相距 1 步远，上身稍向前倾，两足立正，伸出右手，四指并拢，拇指伸开，手掌略向前下方伸直，掌心向内，手的高度大致与对方腰部上方齐平，以手指稍用力握对方的手掌。握手的力度要适中，时间一般在 3 秒左右，注视对方，并配以微笑和问候语。

你知道该谁先伸手吗？

上级与下级握手时，上级先伸手；

长辈与晚辈握手时，长辈先伸手；

女士与男士握手时，女士先伸手；

主人与客人握手时，主人先伸手。

注：当握手符合其中两个或两个以上顺序时，一般应遵循先职位后年龄，先年龄后性别的原则。

握手的禁忌

不要用左手相握，尤其是和阿拉伯人、印度人打交道时要牢记，因为在他们看来左手是不洁的。

不要交叉握手，在多人同时握手时，发现对方已与他人握手，应立即收回手，待对方握手完毕，再次伸手。

不要戴着手套或墨镜握手，例外情况：一是女士在社交场合穿礼服，戴着长纱手套握手时；二是军人、民警执行公务时，应先行举手礼，然后可以戴着手套行握手礼。

与女士握手，不宜握的太紧太久。

不要在握手时面无表情、不置一词或长篇大论、点头哈腰，过份（过分）客套。

不要用脏手与他人相握。

不要在握手后，立即擦拭自己的手掌。

不要在握手时把对方的手拉过来、推过去，或者上下左右抖个没完。

不要在握手时只递给对方一截冷冰冰的手指尖；也不要在握手时仅仅握住对方的手指尖，正确的做法，是要握住整个手掌。

实训四　握手莫失仪

岗前职业素养培训教材——做合格的职业人

🏃 活动训练I

见面不要乱伸手

组织学生模拟案例（Ⅱ）"见面不要乱伸手"中的情境，要求用心体会客人的心理感受，掌握握手礼仪规范，其他人观摩并在模拟结束后分析点评。

🏃 活动训练Ⅱ

你会与他人握手吗？

组织学生模拟以下情境，要求体会不同场合握手语的表达，掌握握手礼仪规范，注意握手禁忌，其他人观摩并在模拟结束后分析点评。

（1）校长为优秀毕业生颁奖。
（2）你去其他公司办事，临走时和他人道别。
（3）王刚接到某公司通知后到该公司人事部找王主任面试。
（4）公司召开一个新品发布会，市场部的张玲和李强在门口迎宾，负责接待新老客户。
（5）王林要接待两个新客户，一见面发现其中的女士是他以前的初中同学张晶，张晶介绍男士是她所在公司的副经理李明。

📖 感悟

通过培训，我了解了＿＿＿＿＿＿＿＿＿＿＿＿＿＿＿＿＿＿＿＿＿＿＿＿＿＿；
通过培训，我学会了＿＿＿＿＿＿＿＿＿＿＿＿＿＿＿＿＿＿＿＿＿＿＿＿＿＿；
通过培训，我提高了＿＿＿＿＿＿＿＿＿＿＿＿＿＿＿＿＿＿＿＿＿＿＿＿＿＿；
通过培训，我改进了＿＿＿＿＿＿＿＿＿＿＿＿＿＿＿＿＿＿＿＿＿＿＿＿＿＿。

🔍 回顾

握手是最重要的一种身体语言之一。在握手成为普遍的礼仪行为时，对于握手的顺序、时间和力度、忌讳等方面的把握，便成了你的举止是否得体、优雅的关键所在。怎样握手？谁先伸手？握多长时间？这些都很关键，因为握手是见面后建立第一印象的重要开始。掌握握手礼仪的要领，是你走向职场、迈向成功的第一步。

💼 职场支招

何时宜行握手礼？

1. 应当握手的场合

（1）遇到较长时间未曾谋面的熟人，应与其握手，以示为久别重逢而万分欣喜。
（2）在比较正式的场合同相识之人道别，应与之握手，以示自己的惜别之意和希望对方珍重之心。

（3）在家中、办公室里以及其他一切以本人作为东道主的社交场合，迎接或送别来访者之时，应与对方握手，以示欢迎或欢送。

（4）拜访他人之后，在辞行之时，应与对方握手，以示"再会"。

（5）被介绍给不相识者时，应与之握手，以示自己乐于结识对方，并为此深感荣幸。

（6）在社交性场合，偶然遇上了同事、同学、朋友、邻居、长辈或上司时，应与之握手，以示高兴与问候。

（7）他人给予了自己一定的支持、鼓励或帮助时，应与之握手，以示衷心感激。

（8）向他人表示恭喜、祝贺之时，如祝贺生日、结婚、生子、晋升、升学、乔迁、事业成功或获得荣誉、嘉奖时，应与之握手。以示贺喜之诚意。

（9）他人向自己表示恭喜、祝贺之时，应与之握手，以示谢意。

（10）对他人表示理解、支持、肯定时，应与之握手，以示真心实意，全心全意。

（11）应邀参与社交活动，如宴会、舞会之后，应与主人握手，以示谢意。

（12）在重要的社交活动，如宴会、舞会、沙龙、生日晚会开始前与结束时，主人应与来宾握手，以示欢迎与道别。

（13）得悉他人患病、失恋、失业、降职、遭受其他挫折或家人过世时，应与之握手，以示慰问。

（14）他人向自己赠送礼品或颁发奖品时，应与之握手，以示感谢。

（15）向他人赠送礼品或颁发奖品时，应与之握手，以示郑重其事。

2．不必握手的场合

在下述一些情况下，因种种原因，不宜同交往对象握手为礼，则应免行握手礼。在适当的情况下，可采用对方理解的方式向其致意。

（1）对方手部负伤。

（2）对方手部负重。

（3）对方手中忙于他事，如打电话、用餐、喝饮料、主持会议、与他人交谈，等等。

（4）对方与自己距离较远。

（5）对方所处环境不适合握手。

实训五　小小名片的魔力

在现代职场上，他人对你的印象往往来源于你递上的那张表明你身份的名片，不知不觉间名片已经成了你的第二张身份证。作为人们重要的交际工具之一，名片既是自我介绍信，又是社交的联谊卡。所以，千万别小看了名片，一张小小名片发挥着越来越大的魔力。

岗前职业素养培训教材——做合格的职业人

🔍 案例分析

不要小看名片

张强从学校毕业后不久应聘到一家软件公司做销售助理，负责给销售人员整理相关的销售资料。有次，一个潜在客户来他们公司预购置一套管理软件。恰巧那天公司的销售人员都不在，于是张强便接待了这位来访者。一见面，对方双手递上名片，说"这是我的名片，我想来贵公司了解一下你们的那套软件，如果可行，我公司想购买一套"。张强漫不经心的伸出左手，接过对方的名片，扫也没扫一眼，便顺手揣进自己裤兜里。客户见状，脸上的笑容收敛了不少。不过，更让客户诧异的是，张强从另外一个裤兜里掏出一把杂物，从中挑出自己的名片，用食指和中指夹着，边递给客户，边说："我也给你张名片，买的话找我"。张强的举动让客户颇不满意，接过张强的名片，客户看了看说，"小伙子，我还是等你成为一个合格的销售员再来找我吧。"客户就这样离开了公司。

☺ 讨论

1. 请试分析客户没有了解产品就离开公司的原因。
   _____

2. 请指出张强在接受、递送名片过程中的不适宜之处？
   接受名片时：_____
   递送名片时：_____

✋ 要点提示

礼仪提示牌

名片的递送
☆准备妥当
☆掌握时机
☆讲究顺序
☆方式适宜

名片的接受
☆友好接受
☆认真阅读
☆妥当收放
☆回敬对方

一、名片的递送

1. 准备妥当

在进行人际交往活动之前，应准备好自己的名片，将其装入专用的名片盒或名片夹内，放在自己的上衣口袋或随身携带的包袋中。

2. 掌握时机

递送名片要掌握好时机，可在刚见面时交换名片，也可在彼此交谈结束时或选择在谈话高潮时交换名片。

提示：

> **发送名片的时机**
> 希望认识对方
> 被介绍给对方
> 对方想自己索要名片
> 对方提议交换名片
> 想获得对方的名片
> 初次登门拜访对方

3. 讲究顺序

交换名片应当讲究尊卑有序，一般地位低的要先把名片递给地位高的，下级先递给上级，晚辈先递给长辈，男士先递给女士，主人先递给客人。

4. 方式适宜

向他人递送名片时，应面带微笑，将名片正面面向对方，双手或右手递过去，并谦恭地说"这是我的名片，请多关照"、"希望以后保持联系"等话语。向多人递送名片时，一般应一一递送，不要遗漏，并注意先后顺序。社交中最忌讳用左手递送和接受名片，交换名片时要加以注意。

二、名片的接受

1. 友好接受

接受他人名片时，应当起身站立，迎向对方，以双手或右手接取，眼睛友好地注视对方，口称"感谢"、"非常荣幸"等话语，使对方感受到你对他的尊重。

2. 认真阅读

接受他人名片后，不要忙于收放，应认真看一遍，最好能将对方姓名、职务、职称轻声地读出来，以示敬重。遇到不清楚的地方可以当面向对方请教。

名人名言

有人曾经说过，最简单的获得别人好感的方法就是——记住别人的名字，这样会让别人感觉受到尊重和重视，他也会以加倍的好感来回报你。

3. 妥当收放

在通读对方名片后，应将名片收入自己的名片夹、上衣口袋或随身携带的包中。不要随手放在一旁或拿在手里随意摆弄，这些会使对方认为你不尊重他。

4. 回敬对方

将对方的名片收好后，应当随之递上自己的名片，否则是非常失礼的。若没有名片，

要向对方表示歉意，言明理由，或者告诉对方"改日再补"。

礼仪警示牌

名片使用四不准
◇ 不发放破损名片
◇ 不随意涂改名片
◇ 不提供住宅电话
◇ 不印制两个头衔

活动训练I

你会递送或接受名片吗？

组织学生模拟案例故事中的情境，要求掌握递送、接受名片的顺序和方式，其他人观摩并在模拟结束后分析点评。

活动训练II

没有名片怎么办？

组织学生模拟以下情境，要求进行合理的假设，将情境中出现的问题解决，其他人观摩并在模拟结束后分析点评。

（1）小王应邀参加一个座谈会，座谈会的规模是30人，都是行业领域内的重要人物，小王想和他们联系，很多人也想要小王的名片，可是他带的名片只有20张。

（2）李强是刚进公司的新人，还没有印制名片。在接待客户时，客户先把名片递给了他。

感悟

通过培训，我了解了_____；
通过培训，我学会了_____；
通过培训，我提高了_____；
通过培训，我改进了_____。

回顾

名片作为职场人士重要的交际工具，越来越受到重视。名片象征着一个人的身份，当别人将名片递交给你时，是对你的充分信任和尊重，因此对待名片要尊重和爱惜。名片上的信息，不仅便利（于）与他人沟通和联系，还宣传了自我，宣传了企业。从这个意义上，正确使用名片，掌握名片使用的礼仪规范，对个人形象和企业形象起着重要的作用。

职场支招

索取名片四法

根据交换名片的礼仪，索取他人名片，有以下四种常规方法。

第一，交易法。想要索取别人的名片，就先把自己的名片递给别人，别人自然会回赠一张自己的名片。"来而不往非礼也。"这是基本的游戏规则。

第二，明示法。直接表明自己的本意。

例："陈校长，认识你很高兴，能有一张你的名片吗？"

第三，谦恭法。欲向长辈或地位、职务高的人索取名片时，可以说："以后如何才能向你请教。"实际就是暗示对方，能不能留下电话号码。如果对方想给就给，如果不想给，自己也不会显得尴尬。

第四，联络法。欲向平辈、晚辈或职位、地位相仿的人索取名片，可以说："今后怎样与你联系？"如果对方不想给，会说"今后还是我与你联系吧。"这是一种很巧妙的方法，彼此都不伤面子。

不想给对方名片，不可以直接拒绝，宜说："非常抱歉，我的名片用完了。"

知识链接

名片的用途

在现实生活中，名片是一种不可或缺的交往工具。名片的基本用途主要有如下十种。

1. 自我介绍。初次会见他人，以名片作辅助性自我介绍，效果最好。它不但可以说明自己的身份，强化效果，使对方难以忘怀，而且还可以节省时间，避免啰里啰唆，含糊不清。

2. 结交朋友。没有必要每逢遇见陌生人，便上前递上自己的名片。换言之，主动把名片递给别人，便意味着对对方的友好、信任和希望深交之意。也就是说，巧用名片，可以为结交朋友"铺路架桥"。

3. 维持联系。名片犹如"袖珍通讯录"，利用它所提供的资料，即可与名片的提供者保持联系。正因为有了名片上所提供的各种联络方式，人们的"常来常往"才变得更加现实和方便。

4. 业务介绍。公务式名片上列有归属单位等项内容，因此利用名片亦可为本人及所在单位进行业务宣传、扩大交际面，争取潜在的合作伙伴。

5. 通知变更。利用名片，可以及时地向老朋友通报本人的最新情况。如晋升职务、乔迁新居、变换单位、电话改号之后，可以印有变更的新名片向老朋友打招呼，以使彼此联系畅通无阻，对方对自己的有关情况了解得更加充分。

6. 拜会他人。初次前往他人居所或工作单位进行拜访时，可将本人名片交由对方的门卫、秘书或家人，转交给被拜访者，以便对方确认"来系何人"，并决定见与不见。

这种做法比较正规，可避免冒昧造访。

7. 简短留言。拜访他人不遇，或者需要请人转达某件事情时，可在名片上写下几行字，或一字不写，然后将它留下，或托人转交。这样做，会使对方"如闻其声，如见其人"，不至于误事。

8. 用作短信。在名片的左下角，以铅笔写下几行字或短语，寄交或转交他人，如同一封长信一样正式。若内容较多，也可写在名片背面。

9. 用作礼单。向他人赠送礼品时，可将本人名片放入其中，或以之装入一个不封口的信封中，再将该信封固定于礼品外包装的上方。后者是说明"此乃何人所赠"的标准做法。

10. 替人介绍。介绍某人去见另外一人时，可用回形针将本人名片（居上）与被介绍人名片（居下）固定在一起，必要时还可在本人名片左下角写上意即"介绍"的法文缩写"p.p."，然后将其装入信封，再交予被介绍人。这是一封非常正规的介绍信，是会受到高度重视的。

实训六　接打电话的学问

随着科学技术的发展和人们生活水平的提高，电话的普及率越来越高，已成为企业与外界之间、人与人之间进行沟通交流合作的基本工具。我们每天要接、打大量的电话。看起来打电话很容易，觉得和当面交谈一样简单，其实不然，打电话很有讲究，它是一门艺术、一门学问。

案例分析

她为何没被留用？

王红是刚从学校毕业进入某公司实习的秘书，主要负责接待以及外线电话的转接，她觉得这些工作都很简单，自己肯定能胜任。实习之前，人事主管告诉她，如果实习期间表现好的话，就会被留用。

刚进公司没几天，一次，接到公司的一个客户的电话，要找销售部的小李。王红因为对同事不熟悉，也还搞不清楚各部门电话，就直接对客户说："不知道！"结果事隔两天，小李找上门来，在经理面前告了一状，因为王红一句"不知道"，那个客户因为急需相关产品已经转投他家了。王红是个办事认真的人，她接受这次的教训，把公司各部门及其相关人员的电话都做了备份，以免误事。

可没多久，她又被经理批评了一顿。因为经理最近常接到一些莫名其妙的推销电话，有时还在开会，手机就响了。后来一问，才知道是有推销员把电话打到公司，要找公司经理，说有业务往来。结果王红也没问太多，就把经理的手机号码给了对方。经理为此大发雷霆。

还有一次，一位客户新买的产品出现了问题，不知怎么把电话打到了办公室，说要投诉。王红接了电话，一听对方火气很大，犹豫之后说道："您稍等，我帮您找人来解决。"谁知这一等就是好几分钟，那位消费者能听到办公室嘈杂的声音，但就是没人再接电话，王红好像也不知去向。她非常生气，挂断电话后，跑到公司来大闹一场。

实习期满后，虽然王红工作很认真负责，但并没有被留用。你知道为什么吗？

讨论

1. 请简单分析王红没有被公司录用的原因。
_____

2. 请你指出王红三次接打电话时出现的问题。
第一次：_____
第二次：_____
第三次：_____

3. 如果你遇到以上三种状况，你会怎么做？
第一次：_____
第二次：_____
第三次：_____

要点提示

拨打电话四步曲
1. 拨打电话前的准备
2. 礼貌问候，自报家门
3. 开始讲话
4. 客气地结束通话

1. 拨打电话前的准备

（1）选择适当的通话时间

① 拨打电话的时间应尽量遵循"不在早上 7 点之前、晚上 10 点以后、三餐之间"给人打电话的原则；

② 打公务电话，不要占用他人的私人时间，尤其是节假日时间；

③ 给海外人士打电话，要注意时差。

（2）明确通话的目的

在拨打电话之前，应先确定一个明确的通话目的，最好把通话要点列一个提纲，以免思路混淆或遗忘，同时备好纸笔方便记录。

2. 礼貌问候，自报家门

（1）接通电话之后，要先问候对方，再通报自己的单位、职务、姓名，说明通话事由。

示例1：正式商务交往标准模式

——"您好！我是五环公司销售部的王刚，我想找贵公司技术部主管李明。"
示例2：一般性的人际交往标准模式
——"您好！我是王红，我找李丽。"
示例3：不规范、不礼貌的方式
——"喂，喂。"
——"你是哪儿啊？"
——"小李在不在？"

（2）感谢代接代转之人

如果电话是由总机接转，或他人代接代转的，要向对方致谢。得知要找的人不在，如果不便说出自己的姓名时可以婉转地回答，"我是他（她）的朋友。我明天再打电话来吧。谢谢！"无论如何，态度要谦和、客气。

3．开始讲话

（1）遵循"通话三分钟原则"

打电话要注意长话短说，除非万不得已，每次打电话的时间不应超过三分钟，在国外，这叫做"通话三分钟原则"。已为商界所广泛遵守。

（2）直言主题，简明扼要

通话时，一定要务实，直言主题，"去粗取精"、简明扼要、条理清晰。切忌说话吞吞吐吐、含糊不清、东拉西扯，不要说废话、无话找话。

（3）态度谦恭，语言清晰

在通话时，态度应当礼貌而谦恭，注意语言流利、声音柔和、吐字清晰、句子简短、语速适中，语气应当亲切、和谐、自然。在打电话时不要把自己的情绪带入其中，不要因为个人的声音、态度等因素影响受话者的心情。

（4）通话中的几种特殊情况的处理

① 若拨错号码，应向对方表示歉意，如"对不起！""打扰了！"等，不要直接挂断电话，不作任何解释。

② 在通话时，若电话中途中断，按礼节应由打电话者再拨一次。拨通以后，须稍作解释，以免对方误会，以为是打电话者不高兴挂断的。

③ 在通话过程中，如果临时有一件更重要的事情需要处理，应当向对方道歉，并讲明理由，然后以最短的时间处理完事情，不要让对方久等。如果事情处理的时间可能会长，应该向对方道歉，然后过一会再打过去。但一般情况下要避免这种情况的发生。

4．客气地结束通话

（1）谁先挂断

按照惯例，一般由拨电话者主动而有礼貌地先挂断电话，接电话者方可挂断。但是如果与上级、长辈通话，无论谁先拨打电话，最好都是由对方先挂断。

（2）当通话结束时，要向对方道一声"再见"或是"谢谢"。挂断电话时，应双手轻放，不要用力摔扣，以免对方误会。

第三单元 做懂礼、守礼的职业人

接听电话八步曲
☆ 左手持话筒，右手拿笔
☆ 铃响不过三声接听电话
☆ 自报家门并问候对方
☆ 确定来电者身份
☆ 听清来电目的
☆ 姿势端正，声情并茂
☆ 记录、复述来电要点
☆ 让客户先收线

➢ 左手持话筒，右手拿笔

接打电话过程中往往需要做必要的文字记录，最好在电话机旁放置好记录本和笔，当有来电时，即可立刻记录主要事项。大多数人习惯用右手拿起电话听筒，在写字的时候一般会将话筒夹在肩膀上面，这样，电话很容易夹不住而掉下来发出刺耳的声音，从而给客户带来不适。因此，应提倡左手持话筒。

➢ 铃响不过三声接听电话

接听电话要及时，最好铃响两次后拿起电话。不要铃声才响过一次就接听，这样会使对方觉得突然而容易掉线。如果铃响许久才接听，要在通话之初向对方表示歉意。

➢ 自报家门并问候对方

在电话接通之后，接电话者应该先主动向对方问好，并立刻报出本公司或部门的名称。通话时要精力集中，声调平和，语气友好。

➢ 确定来电者身份

很多公司的电话是通过前台转接到内线的，因此接听者要清楚来电者的身份，以免在转接过程中遇到问询时难以回答，浪费时间。在确定来电者身份的过程中，尤其要注意给予对方亲切随和的问候，避免对方不耐烦。

如果接到打错进来的电话，要耐心告诉对方拨错了电话，不能冷言冷语地说"打错了"就挂上电话，也不要训斥对方，出口伤人。

➢ 听清来电目的

了解清楚来电的目的，有利于对该电话采取合适的处理方式。电话的接听者应该弄清楚以下问题：本次来电的目的是什么？是否可以代为转告？是否一定要指名者亲自接听？是一般性的电话行销还是电话来往？

切忌对来电敷衍了事。若对方要找的人不在，切忌只说"不在"就把电话挂断。接电话时也要尽可能问清事由，避免误事。

➢ 姿势端正，声情并茂

接听电话过程中应该始终保持正确的姿势。一般情况下，当人的身体稍微下沉，丹田受到压迫时容易导致丹田的声音无法发出；大部分人讲话所使用的是胸腔，这样容易

口干舌燥，如果运用丹田的声音，不但可以使声音具有磁性，而且不会伤害喉咙。因此，保持端坐的姿势，尤其不要趴在桌面边缘，这样可以使声音自然、流畅和动听。此外，保持笑脸也能够使客户感受到你的愉悦。

接听电话时要注意声音和表情。语言流利、声调平和、吐字清晰、语速适中，使谈话富有感染力，声情并茂。

➢ 记录、复述来电要点

对一些必要的通话内容，要做好电话记录。电话记录主要内容包括：（1）来电者的姓名、电话号码、分机及区域号码；（2）来电者的公司名称、部门及职务；（3）来电日期、具体时间；（4）留言内容；（5）负责记录者的姓名等。

电话接听完毕之前，还要复述一遍来电的要点，尤其是对时间、地点、数量、金额、联系电话等必要信息进行核查校对，防止因记录错误带来不必要的麻烦。

➢ 让客户先收线

在电话即将结束时，应该礼貌地请客户先收线，这时整个电话才算圆满结束。因为一旦先挂上电话，对方一定会听到"喀嗒"的声音，这会让对方感到很不舒服。通话结束时，要向对方表示感谢，道一声"再见"。

接打电话六不宜

◇ 不要把话筒夹在脖子上，不要趴着、仰着、坐在桌角或把双脚架在桌上打电话，也不要边打边走或边吃东西或边喝水

◇ 不要以笔代手去拨号

◇ 通话时嗓门不宜过高，使对方听清即可

◇ 话筒与嘴的距离不宜太近，保持在3厘米左右

◇ 挂电话时轻放话筒，不要用力摔扣，以免对方误会不满

◇ 通话时不宜发怒，恶语相向，不要粗暴地摔打电话机撒气

活动训练I

你会接打电话吗？

两人一组，用电话或手机现场模拟以下情景的通话，其他人观摩并在模拟结束后分析点评。

（1）你作为A公司接待员接听一个外部电话；

（2）你接听了一个不能得罪的重要客户的无聊电话，而你很想挂断它；

（3）你接听了上级主管部门的电话，通知公司经理明天开会；

（4）你接听了一个找同事小李的电话，而你不知道小李在不在公司；

（5）公司开会时，你的手机振动提示有来电，是一个客户。

活动训练Ⅱ

接打电话自检

根据活动训练Ⅰ中的模拟情况，检查自己拨打、接听电话的要点，找出不足之处后制订自己的改进计划。

接打电话自检表

说明：结合本表检查自己拨打、接听电话的要点，找出不足之处后制订改进计划。

序号	注意事项	要点	不足之处	具体改进计划
1	电话机旁应备有笔记本和笔	（1）是否把记事本和笔放在触手可及的地方 （2）是否养成随时记录的习惯		
2	选择时机，有备而打	（1）时间是否恰当 （2）情绪是否稳定 （3）条理是否清楚 （4）语言是否简练		
3	态度友好，礼貌用语	（1）是否微笑着说话 （2）是否真诚面对通话者 （3）是否使用平实的语言 （4）是否向对方致以问候		
4	语言清晰，体态优雅	（1）语言是否流利 （2）声调是否平和 （3）吐字是否清晰 （4）语速是否适中 （5）姿势是否正确		
5	记录、复述来电要点	（1）是否及时记录通话要点 （2）是否及时分辨、确认关键性字句		
自检人：			自检时间：	

感悟

通过培训，我了解了＿＿＿＿＿＿＿＿＿＿＿＿＿＿＿＿＿＿＿＿＿＿＿＿＿＿；
通过培训，我学会了＿＿＿＿＿＿＿＿＿＿＿＿＿＿＿＿＿＿＿＿＿＿＿＿＿＿；
通过培训，我提高了＿＿＿＿＿＿＿＿＿＿＿＿＿＿＿＿＿＿＿＿＿＿＿＿＿＿；
通过培训，我改进了＿＿＿＿＿＿＿＿＿＿＿＿＿＿＿＿＿＿＿＿＿＿＿＿＿＿。

回顾

由于电话的应用在商业活动中越来越广泛，作为从业者非常有必要掌握一些电话的接听技巧，如注意在接听过程中保持亲切和气的态度、确定来电目的、确定来电者的身份等。更重要的是，电话已成为代表一个人甚至一个企业形象的重要窗口，通话中表现出来的礼貌最能体现一个人的基本素养，体现一个企业的品牌形象，因此接打电话时，一定要表现出良好的礼仪风貌，要有"我代表企业形象"的职业意识，养成礼貌用语随时挂在嘴边的良好职业习惯。

知识链接

手机礼仪十则

目前，手机的使用非常普及，在一些公共场合使用手机，如果不懂得一些手机礼仪，可能会引起周围人们的不满。以下的"手机礼仪"可提醒大家在日常的使用中做一个有涵养的人。

1．在手机短信的内容和编辑上，应该和通话一样重视文明，既然是你发出的短信，那么就意味着至少你不否认短信的内容，同时也反映了你的品位和水准，所以不要编辑或转发不文明的短信，尤其是那些迷信的或者带有讽刺伟人、名人的短信。

2．给对方打手机时，尤其知道对方是身居要职的忙人时，首先想到的是，这个时间他/她方便接听电话吗？并且要有对方不方便接听的准备。在给对方打手机时，要注意从听筒传过来的回声鉴别对方所处的环境，不论在什么情况下，是否通话应该由对方来定为好，所以"现在通话方便吗？"通常是拨打手机的第一句问话。

3．在会议中，和别人洽谈合作的时候，最好的方式还是手机设置在振动状态，这样既显示出对别人的尊重，又不会打断发言者的思路。而那种在会场上铃声不断的人，并不能表明你"业务繁忙"，反而显示出你缺少修养，因为在会场或会谈的短短时间里，你不和别人联系天也不会塌下来。

4．手机是个人隐私的重要组成部分，为了尊重他人，体现自己的涵养，不要接听他人的移动电话，不要翻看他人的手机中的任何消息，包括通讯录、短信、通话记录等；一般情况下，不要借用他人的手机打电话，不得已需要借用他人手机打电话时，请不要走出机主的视线，并且尽量做到长话短说，话毕要表示感谢。

5．在加油站或医院停留间，尽量不要开启手机，否则，容易引起火灾或影响医疗设备的正常使用。

6．在一些场合，比如在看电影时或在剧院打手机是极其不合适的，在情非得已的情况下，请使用静音的方式发送手机短信比较妥当。

7．在公共场合，比如楼梯、电梯、路口、人行道等地方，不可以旁若无人地使用手机。

8．手机常规放置的位置：一是随身携带的公文包里，二是上衣的内袋里，或是开会的时候交给秘书、会务人员代管，也可以放在不起眼的地方，比如手边、背后、手袋里，但最好不要放在桌子上。

9．在餐桌上，关掉手机或是把手机调到振动状态很有必要，不要正吃到兴头上的时候，被一阵烦人的铃声打断。

10．无论业务多忙，为了自己和其他乘客的安全，在飞机上都请不要使用手机。

参考资料：

1.《国际商务礼仪模拟实训教程》中国对外经济贸易出版社出版　翟晓君 // 邱岳宜主编

2.《商务礼仪》北京大学出版社出版　金正昆主编

3.《商务礼仪（现代秘书系列教材）》中国人民大学出版社出版

4.《商务礼仪》对外经济贸易大学（2007-09）出版

注：本单元彩色插图由北京市劲松职高影像与影视艺术专业谢洪涛老师和学生石然拍摄，彩色插图中的场地、人员由北京市劲松职业高中提供。

第四单元 做具备良好心理素质的职业人

如何有效地协调自己的工作与生活，让工作获得持续的进步，成为个人生活的动力而非累赘？如何技巧地处理工作中的沟通问题，化解冲突，处理工作中的各种人际关系？这些问题是身处当今中国社会职场中的个体所面临的重要问题。有效地处理上述问题，人们将不仅仅获得职场中的成功，还将能够促使自己的生活更加协调而获得全面的成功。

实训一　克服自卑，增强自信

🔍 案例分析

工作中的自卑

7月23日，星期一，刚毕业的中职学生李宁正式参加了工作。职位是一名公司网络管理员。由于之前有在这个公司实习过，所以适应公司显得轻松许多，人事部甚至没有为我介绍同事，我凭借实习期间记忆，还记得几个，不过在企业中，人事的变动是经常的，这次公司又有了许多新职员。这种经常跳槽应该是以后我所要经常面对的吧。

我现在是公司的网络管理员，但是很明显，自己的网络技术有限，我甚至觉得有些人不相信我有能力去解决一些网络故障。面对这样的情况，很是郁闷啊。的确，很多东西我不会，一切刚刚开始，起步是艰难的，说实在的，我一度会觉得自卑，会觉得好像自己是公司里多余的一个人，无法帮上忙……这应该是一位新手共有的困惑吧，怎样从无所适从中去进步？怎么样短期有效融入工作环境？真的太需要时间和自己努力！难啊……

😊 讨论

（一）主人公为什么会这样？
_____
_____

（二）你有什么好办法帮助他？
_____
_____
_____

✋ 要点提示

1. 什么是自卑心理

在心理学上，自卑属于性格上的一个缺点。自卑，即一个人对自己的能力、品质等做出偏低的评价，总觉得自己不如人、悲观失望、丧失信心等。在社交中，具有自卑心理的人孤立、离群、抑制自信心和荣誉感，当受到周围人们的轻视、嘲笑或侮辱时，这种自卑心理会大大加强，甚至以忌妒、自欺欺人的方式表现出来。自卑是一种消极的心理状态，是实现理想或某种愿望的巨大心理障碍。

2. 自卑感产生的原因

（1）自我认识不足，过低估计自己

每个人总是以他人为镜来认识自己，也就是说人们总是根据他人对自己的评价和自己与他人比较来认识自己的长短优劣。如果他人对自己做了较低的评价，特别是较有权威的人的评价，就会影响自己对自己的认识，自己也低估自己。心理学家发现，性格较内向的人，多愿意接受别人低估评价而不愿接受别人的高估评价。在与他人比较的过程中，性格内向的人，也多半喜欢拿自己的短处与他人的长处比，当然越比越觉得自己不如人，越比越泄气，就会产生自卑感。

（2）消极的自我暗示抑制了自信心

每个人面临一种新局面时，首先都会自我衡量是否有能力应付。性格内向的人因为自我认识不足，常觉得"我不行"，由于事先有这样一种消极的自我暗示，就会抑制自信心，增加紧张，产生心理负担，在学习和交往中，就不敢放开手脚，就会限制能力的发挥，工作效果必然不佳。这种结果又会形成一种消极的反馈作用，影响到以后的行为，也无形地印证了自卑者消极的自我认识，使自卑感成为一种固定的消极自我暗示，从而造成一种恶性循环，使自卑感进一步加重。

（3）挫折的影响

人们在遭受挫折后，可能会产生各种反应，或反抗，或妥协，或固执。有的人在遭受某种挫折后，就会变得消极悲观，特别是性格内向的人，由于神经过敏的感受性高而耐受性低，稍微受挫就会给予他沉重的打击，使他变得自卑。

（4）生理方面的不足

生理方面的缺陷对心理方面有明显的影响。如有的人因为身体矮小或相貌丑陋而感到自卑；有的人因为自己的身体有残疾而自卑。

3. 消除自卑心理的办法

（1）自信是消除自卑心理最根本的动力

不要害怕失败，因为失败是难免的，要想到"失败是成功之母"，应以积极的态度分析失败的原因，相信自己的能力和毅力，克服困难，向成功努力。

（2）正确认识自己

多挖掘自己的长处，多发挥自己的长处，充分利用自身的优势，尽可能地多出成绩，这样就可以不断巩固和增强自信心。

（3）以勤补拙

古人云："勤能补拙是良训，一分辛苦一分才。"通过勤学苦练完全可以缩小自己与别人的差距，甚至赶上或超过别人。

（4）用"补偿法"保持心理平衡

自卑者平时要多以己之长比他人之短。遇到挫折时别泄气，不要想"我不行"而应该有充分的自信："我能行，我一定能行。"

（5）选择适合自己的好方法

每个人的情况不一样，对别人来说有效的方法对自己未必适用，"东施效颦"往往事与愿违。根据自身的实际情况选择一些适合于自己的方法才能收到事半功倍的效果。

（6）不必在意旁人的贬低

贬低别人的人往往是出于妒忌心理或其他原因。要记住只要你不承认自己有自卑感，谁也没有办法使你自卑。

活动训练

1. 秘密大会串联

帮助成员面对和处理目前的困扰，使其能拥有较愉快的生活并能顺利发展未来。

（1）请成员将目前最感困惑的一件事写在纸上，并将纸折叠好置于团体中央。
（2）领导者抽取一张纸并读出其内容，请成员共同思考问题的解决方法。
（3）解决问题的方式可以采用讨论，示范，角色扮演，书面资料提供等。
（4）逐个解决问题。

2. 自信百宝箱

在心卡上填写"在自信心方面，我无法做到……"

脑力激荡：团队所有的成员对心卡上无法做到的事献策，不评价，重数量。

3. 寻找自信的支点，开发自身的潜能，在认识自我的基础上愉悦自我

（1）优点轰炸

小组成员轮流坐到中央，其他成员从他身上找特别的地方，然后用发自内心的语言赞美对方。

团体分享：当别人赞美你时，你的感觉如何？你赞美别人时，通常赞美哪些地方？你能给所有的人不同的赞美吗？你在赞美别人时，感到自然吗？为什么会这样？是否有一些优点是自己以前没有意识到的？是否加强了对自身优点、长处的认识？

（2）自我寻宝

学生发现自己更多的优点，找到自信的依据，建立理性的自信系统。

寻宝方式：我开始喜欢我自己，因为 _____。

寻宝要求：①必须实事求是；②必须是自己的优点或特长，也可以是自己的进步；③每个人至少找到自己的5个珍宝。

感悟

通过这次活动，使我感触最深的是：
_____

我准备在以后的学习和生活中有如下改变：
_____

我的近期目标是：
_____

回顾

自卑心理是可以战胜的，但要依靠你自己。自立者天助之！面对科技的进步，知识

的更新，社会的发展，我们应该如何跟上步伐呢？好办法就是努力学习弥补不足，要扬长避短，变"我不行"为"我能行"，逐步实现自己的目标，体验成功的快乐。

知识链接

克服自卑训练法

方法一：行走时抬头、挺胸，步子迈得有弹性

心理学家告诉我们，懒惰的姿势和缓慢步伐，能滋长人的消极思想；而改变走路的姿势和速度可以改变心态。平时你从未意识到这一点吧？从现在你就试试看！

方法二：抬起双眼，目视前方，眼神要正视别人

心理学家告诉我们：不正视别人，意味着自卑；正视别人则表露出的是诚实和自信。同时，与人讲话看着别人的眼睛也是一种礼貌的表现。

方法三：当众发言

卡耐基说：当众发言是克服羞怯心理、增强人的自信心、提升热忱的有效突破口。这种办法可以说是克服自卑的最有效的办法。想一想，你的自卑心理是否多次发生在这样的情况下？你应明白，当众讲话，谁都会害怕，只是程度不同而已。所以你不要放过每次当众发言的机会。

方法四：众人面前显显眼

心理学家告诉我们：有关成功的一切都是显眼的。试着在你乘坐地铁或公共汽车时，在较空的车厢里来回走走，或是当步入会场时有意从前排穿过。并选前排的座位坐下，以此来锻炼自己。

『名人故事』

自信——照耀我们成才的明灯

俄国著名戏剧家斯坦尼夫斯基，有一次在排演一出话剧的时候，女主角突然因故不能演出了，斯坦尼夫斯基实在找不到人，只好叫他的大姐担任这个角色。他的大姐以前只是一个服装道具管理员，现在突然出演主角，便产生了自卑胆怯的心理，演得极差，引起了斯坦尼斯拉夫斯基的烦躁和不满。

一次，他突然停下排练，说："这场戏是全剧的关键；如果女主角仍然演得这样差劲儿，整个戏就不能再往下排了！"这时全场寂然，他的大姐久久没有说话。突然，她抬起头来说："排练！"一扫以前的自卑、羞怯和拘谨，演得非常自信，非常真实。斯坦尼夫斯基高兴地说："我们又拥有了一位新的表演艺术家。"

这是一个发人深省的故事，为什么同一个人前后有天壤之别呢？这就是自卑与自信的差异。

实训二　学会缓解工作压力

🔍 案例分析

　　李洋是某所学校的高材生，2006年毕业后，被一家公司择优录用，分配在公司搞软件开发工作。在刚刚参加工作的一年多时间里，李洋满怀激情地投入工作，常常连续熬夜加班却毫无怨言，经常得到领导的赞扬，在这种生活中他获得了极大的成就感。

　　然而，巨大的工作压力使得李洋的身体出现了状况：他渐渐感到疲惫、头闷，似乎睡觉也不能补充他白天的体力和精力消耗。2008年6月，李洋被确诊为抑郁症。李洋将自己的病情告知了公司，于是他离开了心爱的工作岗位……

😊 讨论

（一）李洋为什么会出现这样的结果？
_____
_____

（二）你认为有什么办法能预防这种现象的发生？
_____
_____

✋ 要点提示

1．压力的来源
（1）个人方面
① 生理层面：个人的生理状况，往往会影响其工作表现，身体状况不佳造成工作

表现不理想，工作压力自然而来；

② 心理层面：个人的人格特质也是导致压力指数升高是原因之一，例如 A 型性格的人往往过于紧张、要求完美；

③ 其他层面：造成个人感受压力存在的因素，基于个体对周遭事物的知觉，其影响的外在因素有时间压力、预期压力、角色压力、季节性情感失调等。

（2）家庭方面

① 亲属关系紧张：如夫妻不睦、亲子冲突、婆媳不和，皆会造成个人压力指数的提高；

② 重大事故：家庭突然遭受重大事故，个人在心理上一时无法承受，如亲人的死亡、重病或受伤等；

③ 经济拮据：在日常生活中，没有一件事情能与钱毫无关联，所以，当家庭面临经济问题时，也会对个人形成压力；

④ 家庭暴力：家庭若发生暴力事件，对受虐者而言，所受的心理伤害是比生理伤害更加沉重，且还需面对施暴者的暴力阴影，心理压力可想而知。

（3）组织方面

① 工作内容：根据相关研究指出，个人工作压力与工作满足感呈负相关，而个人的工作满足感和工作内容有关。例如任务超多或过少，从事高刺激性、高冒险性工作；

② 工作环境：工作场所环境的好坏对个人的影响是最直接的，如工作条件不佳，使人无法专心工作，皆会成为工作压力重要的来源；

③ 领导型态：领导者的领导型态是造成员工工作压力的一项重要指针。例如高度独裁的领导型态会造成员工的紧张与害怕，自然其工作压力就会提升；

④ 公司规模：在大规模公司其压力来源是因为过度的官僚制度而造成不易建立和谐的人际关系。反之，小规模的公司，则因员工毫无喘息的空间，这种过于紧密的互动关系，也是形成员工的压力原因之一；

⑤ 人际关系：人是群居性的动物，因此，人际关系不佳的人较易为工作压力所苦；

⑥ 组织冲突：与上司、同事或下属发生口角或意见相左的情况，而双方往往不愿意退让，形成对立状态，此状况也会形成工作压力；

⑦ 组织结构：组织内部单一指挥链破裂，使员工需面对一个以上的上司，不同的上司由于命令不一致而无所适从，在这种情形下员工也会感受到不小的工作压力；

⑧ 沟通方面：无效的沟通常会让别人不明白自己想要什么、想传达什么，而自己也无法确切地了解别人的想法，也不能理解主管的工作要求与目标。这种情况也会招致心理的负担，形成个人的工作压力；

⑨ 疏离感过高：员工缺乏归属感，常感觉自己不是团队中的一员，这种疏离感易会一直困扰着员工，造成员工的心理压力；

⑩ 不确定性：公司前景、工作时间、工作量或技术变革的不确定性，也是造成员工工作压力的原因之一，不确定性越高，员工的工作压力越大。

2．如何缓解工作压力

现代生活节奏的加快，在人们选择工作机会的同时，自己也同时被选择，在竞争日

趋激烈的情况下，不少人感到工作压力大，并出现了明显的心理反应，如紧张、焦虑、烦燥不安，易发脾气，情绪低落、思维敏捷程度和清晰度下降，记忆力下降，感到头脑里像一盆浆糊，有时还对工作产生了畏惧感。有时还出现了躯体化反应，如疲乏无力、头痛、头晕、食欲不振、腹胀、便秘、腹泻或便秘腹泻交替，血压上升等等。这都是工作压力大惹的祸。

那么，如何缓解工作压力大，使它成为您事业成功的动力，而不是成为您发挥自身能力的障碍呢？以下程序可供参考。

（1）设定一个切实可行的目标

要充分考虑到自身的特点，因为每个人都有稳步发展的长处和短处，在选择目标时要注意扬长避短，充分发挥稳步发展的长处。另外还要考虑到实际的客观条件是否具备，这就像盖房，光有设计蓝图（理想）还不行，还应该有砖、水泥、钢筋等建筑材料（能力、机会等），如果建筑材料有限时，去盖摩天大楼，就必然会半途而废，永远达不到目标，这时就根据现有材料，设计建设一幢"具有特色的建筑"，它能让您同样找到"成功的感觉"。

（2）制订实现目标的计划

要达到目标，就像上楼一样，不用梯子，一楼到十楼是绝对蹦不上去的，相反蹦得越高就摔得越狠（失败、挫折）。必须是一步一个台阶的走上去。制订计划就像设计楼梯一样，将大目标分解为多个易于达到的小目标，那么您一步步实现计划时，每前进一步，达到一个小目标，都能使你体验"成功的感觉"，而这种"感觉"将强化您的自信心，并将推动您发挥稳步发展潜能去达到下一个目标。

（3）生活规律化

即有劳有逸，应该注意保证睡眠时间和饮食规律，在工作之余给自己留点时间，做些自己感兴趣的事情，如打球、钓鱼、书法、绘画、音乐、烹饪、郊游、睡懒觉等，都能使您紧张工作的大脑松弛下来，这能使您在下一个工作单元中保持较高的工作效率。长期、持续、紧张的加班工作，不但提不高工作效率，还会影响您的身体健康。

（4）适时地转移

如果条件不具备，通过多方面的努力仍不能达到目标，那么您应该分析一下工作压力，这个目标，对于您是否合适。如果不合适，再努力下去只能是失败，就像是一楼向十楼蹦一样，再蹦下去只能是多跌几个包（挫折、失败），这时您可以说一句"我尽力了"，适时地退出，重新设立新的目标，就像俗话说得"别在一棵树上吊死"。

（5）寻求心理医生帮助

工作压力大这就像手指被刀割破了，疼痛、流血、如果伤口小，自己就能止血，贴上创可贴，过几天自己就长好了，而伤口大，流血不止时，就应该看医生，让医生给您缝合止血包扎。在您心理调整不过来时，心理医生通过心理治疗及药物治疗，能帮助您减轻痛苦强度，缩短痛苦时间，修正心理上的偏差，发挥您的潜力，去重新寻求事业的成功。

活动训练

1. 抛弃不合理的观念

向学生介绍一些非理性的观念，让他们列出那些在生活中给他们带来压力的非理性的观念。该活动 15-20 分钟。

为参与者准备好纸和笔、黑板等，分发下面的清单。
- 我总是迟到；
- 我啥事情都做不好；
- 我身边的人都不称职；
- 我每次都要做得最好。

然后，让参与者再提出一些非理性的观念，组成小组进行讨论，解释非理性的观念如何带来压力，让大家得出结论，并提出建议，并讨论：
- 非理性的观念是如何妨碍你的？
- 非理性的观念是否减轻了压力或对你有帮助？
- 你摆脱了非理性的观念后会如何？

2. 解压炸弹调查

班上每个同学都仔细思考自己是用哪种技巧来减少工作和生活中的压力的。然后每个人分别在教室前面对自己所用的最有效的减压技巧做一个简单的介绍。当所有人都介绍完之后，班级成员来分析解释他们所听到的，重点针对下面的问题。

最常用的压力减少技巧是什么？

班上同学所用的减压技巧和专家所推荐的相比较如何？

感悟

（一）通过这次活动，使我感触最深的是_____
_____

（二）我准备在以后的学习和生活中有如下改变：_____
_____

（三）我的近期目标是：_____
_____

回顾

我们需要一帆风顺的快乐，但也要接受挑战和压力带给我们的磨炼。其实，在生活中我们需要一定的压力。压力可以刺激我们采取一些行动，挑战我们自身的能力，帮助我们达到自己认为不可能达到的目标。关键就在于我们怎么处理、安排和缓解工作中的压力而不至于因为压力过大而垮掉。

知识链接

一杯水有多重

培训师在课堂上拿起一杯水，然后问台下的听众："各位认为这杯水有多重？"有人说是半斤，有人说是一斤，讲师则说："这杯水的重量并不重要，重要的是你能拿多久？拿一分钟，谁都能够；拿一个小时，可能觉得手酸；拿一天，可能就得进医院了。其实这杯水的重量是一样的，但是你拿得越久，就越觉得沉重。这就像我们承担着压力一样，如果我们一直把压力放在身上，不管时间长短，到最后就觉得压力越来越沉重而无法承担。我们必须做的是放下这杯水，休息一下后再拿起这杯水，如此我们才能拿的更久。所以，各位应该将承担的压力于一段时间后适时的放下并好好的休息一下，然后再重新拿起来，如此才可承担更久。"

实训三　学会团队合作

案例分析

小王被分配到某公司做职员，由于工作业绩突出，很快被提拔为经理办公室秘书。有一天，领导让她负责紧急处理一件事，但应配合的人不但不配合反而从中作梗，小王一气之下与那个人吵了起来，于是遭到了领导的批评。

讨论

（一）你认为小王的行为对吗？为什么？

_____

_____

（二）你认为怎样做比较稳妥呢？
_____
_____

要点提示

如何与人合作

1. 要懂付出

要想杰出一定得先付出。没有点奉献精神，是不可能创业的。要先用行动让别人知道，你有超过所得的价值，别人才会开更高的价。

2. 有强烈的沟通意识

沟通无极限，这更是一种态度，而非一种技巧。一个好的团队当然要有共同的愿景，非一日可以得来。需要无时不在的沟通，从目标到细节，甚至到家庭等，都在沟通的内容之列。

3. 诚恳大方

每人都有不同的立场，不可能要求利益都一致。关键是大家都要开诚布公地谈清楚，不要委屈求全。相信诚信才是合作的最好基石。

活动训练

1. 游戏名称：运筹帷幄，共建高楼

① 游戏目的：建高楼游戏不仅能培养团队分工合作精神，最重要的是使参加游戏的人员因从事一种完全不同于手头工作的事情而增强其创新性，开拓大家的创新思维。

② 游戏规则：每组各分 5 张报纸、一卷透明封箱胶、一把剪刀，每支队伍要求在 10 分钟内，利用分配给他们的纸和封箱胶，尽可能建造最高的自由耸立的高楼，当主持人宣布游戏结束，所有参加游戏人员必须离开高楼，使大楼独立耸立，不要有任何支撑的。

按高楼高度评出一至六名，楼最高的为第一名，其次的为第二名，以此类推。第一名得 6 分，第二名得 5 分，以此类推，第六名得 1 分（所有小组的得分情况将在现场的大屏幕上显示）。评比结束后，主持人请获得第一名参赛队伍谈谈他们是如何构思、如何分工合作。

比赛过程中，主持人可作以下提示：纸张可任意裁剪，由于资源有限，所以要注意合理利用。提示比赛队伍可以先商议好，再动手，但要注意时间的掌握。对游戏剩余时间（8、5、3、1 分钟）进行报时。

③ 游戏细则

所需要设备：30 张报纸，6 卷封箱胶，6 把剪刀，长直尺 2 把，秒表 1 个，口哨一个；

游戏人数：每组选派 3 人，6 组共有 18 人参加游戏；

游戏时间：20 分钟（5 分钟派发材料及宣读比赛规则，10 分钟计时比赛，5 分钟评比结果并对游戏做出总结）；

工作人员：2 人，做分派材料和监督游戏的进行，防止违规行为。

(二)战地抢救：

在战场上，激烈的战斗正在进行，战士小兵被弹片击伤腹部，周围没有担架，伤势也不容拖延。如果你和你的同桌是卫生员该怎么办？

（提示：巧制人体担架法。首先，两人各以自己右手攥住自己左手，随后两人左手相互攥住对方右手腕，将伤员两腿分别放入二者手臂空档中，人体担架就做好了。）

感悟

① 通过这次活动，使我感触最深的是：
_____

② 我准备在以后的学习和生活中有如下改变：
_____

③ 我的近期目标是：
_____

知识链接

了不起的中国精神

那年一个外国教育代表团访华，到上海一所学校参观。领队的是一位相貌慈祥的老太太，她邀请几位中国学生做个小实验。老太太取出随身携带的一只小口径瓶子，瓶里放着7个穿着线的彩球，线的一端露出瓶口。她请学生各持一线，听到哨声便以最快的速度将球从瓶中提出。七个中国孩子望着瓶子，心里直嘀咕。只见有个孩子低声向伙伴们叮嘱了几句。实验即将开始，所有人的目光凝注在瓶口上，尖锐的哨声响了，只见7个孩子一个接一个依次从瓶里抽出了自己的彩球。排在最后的就是那位机智的小男孩。在场的人情不自禁地鼓掌欢呼，"三秒钟，太了不起了！"外国老太太一把搂住了小机灵鬼，连声称赞"奇迹，奇迹。"

实训四 正确对待挫折

案例分析

董梅一年前应聘到一家民营企业担任办公室主任，负责行政人事工作。一年来工作业绩显著，经常受到表扬和嘉奖，很受老板的赏识。可在一次的人事政策操作上，出现了失误，受到了严重的批评，并被扣除当月奖金。她承受不了这样的结果，一气之下离开了这家公司，并且一病不起……

😊 讨论

（一）董梅为什么离开了这家公司？
_____
_____

（二）从这件事中你得到什么启示？
_____
_____

要点提示

人在遭遇挫折时，往往会感到缺乏安全感，使人难以安下心来，工作和生活都会受到影响。那么，人在遭受挫折的时候，又应如何进行调试呢？以下十种方法，不妨一试：

1. 沉着冷静，不慌不怒。
2. 增强自信，提高勇气。
3. 审时度势，迂回取胜。

所谓迂回取胜，即目标不变，方法变了。

4. 再接再厉，锲而不舍。

当你遇到挫折时，要勇往直前。你的既定目标不变，努力的程度加倍。

5. 移花接木，灵活机动。

倘若原来太高的目标一时无法实现，可用比较容易达到的目标来替代，这也是一种适应的方式。

6. 寻找原因，理清思路。

当你受挫时，先静下心来把可能产生的原因寻找出来，再寻求解决问题的方法。

7. 情绪转移，寻求升华。

可以通过自己喜爱的集邮、写作、书法、美术、音乐、舞蹈、体育锻炼等方式，使情绪得以调适，情感得以升华。

8. 学会宣泄，摆脱压力。

面对挫折，不同的人，有不同的态度。有人惆怅，有人犹豫，此时不妨找一两个亲近的人、理解你的人，把心里的话全部倾吐出来。从心理健康角度而言，宣泄可以消除因挫折而带来的精神压力，可以减轻精神疲劳；同时，宣泄也是一种自我心理救护措施，它能使不良情绪得到淡化和减轻。

9. 必要时求助于心理咨询。

当人们遭遇到挫折不知所措时，不妨求助于心理咨询机构。心理医生会对你动之以情，晓之以理，导之以行，循循善诱，使你从"山穷水复疑无路"的困境中，步入"柳暗花明又一村"的境界。

10. 学会幽默，自我解嘲。

"幽默"和"自嘲"是宣泄积郁、平衡心态、制造快乐的良方。当你遭受挫折时，不妨采用阿Q的精神胜利法，比如"吃亏是福"、"破财免灾"、"有失有得"等来调节一下你失衡的心理。或者"难得糊涂",冷静看待挫折,用幽默的方法调整心态。

活动训练

（一）挫折处方单

1. 学生分成若干组,每组四人。
2. 每个学生在三张纸上写同样的内容：
"我目前面临的最大的挫折是：
3. 然后传递给同组的另外三个同学,大家互相交流。
4. 每个同学在纸上给同组的三个同学写战胜挫折的良方。
5. 最后,把"处方单"交给原来的同学。

（二）学生四人小组：出谋划策

考试失败怎么办？……
个子矮怎么办？……
别人嘲笑你时,你怎么办？……
跟别人很难沟通,怎么办？……
老觉得自己笨怎么办？……
我总是对学习不感兴趣怎么办？……
我的家长总是唠叨我该怎么办？……

感悟

通过这次活动,使我感触最深的是
_____
_____

我准备在以后的学习和生活中有如下改变：
_____
_____

我的近期目标是：
_____
_____

回顾

　　人生在世,不可能春风得意,事事顺心。面对挫折能够虚怀若谷,大智若愚,保持一种恬淡平和的心境,是彻悟人生的大度。一个人要想保持健康的心境,就需要升华精神,修炼道德,积蓄能量,风趣乐观。正如马克思所言："一种美好的心情,比十副良药更能解除生理上的疲惫和痛楚。"

知识链接

贝多芬的成功之路——挫折使人成长

贝多芬从 4 岁起,就受到父亲严格的音乐训练,他整天被关在屋子里练琴。贝多芬很早就学会了演奏钢琴、管风琴、小提琴、中提琴和长笛。由于家境贫困,贝多芬小小年纪便承担起家庭重担,因而没能受到很好的教育。他是靠自学成长起来的。他 17 岁时,母亲去世了,年轻的贝多芬作为一家之主,同生活顽强地作斗争。他先是被公认为灵感丰富的即兴演奏家和维也纳最好的钢琴家,后来又被公认为优秀的作曲家。但痛苦一直伴随着贝多芬。从 27 岁起,他的耳朵渐渐地聋了。这对于一个音乐家来说是多么沉重的打击!同时,他还遭受着失恋的折磨,心爱的姑娘一个个离他而去。也正是在这个时期,贝多芬表现出极其旺盛的创作力,写出了许多杰出的作品,被誉为"交响乐之王",最终获得巨大成功。

实训五　学会调控情绪

案例分析

小李近 2 个月来心情一直比较低落,不愿意上班,更不愿意看见某些同事。前些天,小李所在的公司刚刚进行了人事调整,和她比较要好的几个同事调到别的部门去了,新调进来几个同事。小李和几个新同事接触了几次之后,发现他们都比较圆滑,很有心计,特别会和领导处关系,而且领导在与领导不在表现反差大。小李特别不喜欢这样的人,因此尽量不理他们,和他们保持一定距离。

这几天,新来的同事又变本加厉,把本来是他们职责内的工作推给小李,小李心中十分气愤和不愿意,但是又不想和他们发生直接的冲突,因此只好把情绪压抑下去,表面上还算过得去,但是内心里十分厌恶他们的做法。每天上班,小李都不愿意看见他们,尽量躲到一边去,午饭本来是大家一起吃的,但小李开始躲着他们,错开一起用餐的时间。几个新来的同事之间倒是很好,有说有笑的,小李觉得自己特别孤立,但又不愿意向他们那样,所以最近一段时间心情低落、消极、沮丧、闷闷不乐,做什么事情都没兴趣,朋友也不怎么联系了。

讨论

(一)小李出现的是一种什么样的状态?这种状态有什么危害?

（二）你认为有哪些解决的办法呢？

要点提示

如何控制情绪

控制情绪等于控制结果

1. 自我暗示

无论面对怎样的人生处境，总会有一种最好的选择。

我要用理智来控制情绪，决不让情绪来主导自己的行动，只要善于控制自己的情绪，我就是个战无不胜的人。

2. 学会宣泄你的忧伤

忧伤，作为一种负面情感，表现为情绪低下，好忧愁，多伤感，易消极悲观。忧伤情绪强烈的人，可能造成心理和生理损害。

那么，怎样才能有效地消除这种忧伤绝望的情绪呢？根本的办法是通过积极的措施，宣泄压抑着的忧伤情绪。

3. 控制抑郁情绪

抑郁就是人们常说的忧郁。

它是一种以情感低落为主要表现形态的心理状态。情感正常也有抑郁的时候，应该说，这是一种正常的情绪反应。作为心理问题的抑郁，其核心表现是一段时间内的郁郁寡欢。

在通常情况下，总是显得内心愁苦，缺乏愉快感，思维迟钝，注意力不集中，记忆力减退，动作缓慢，疲乏无力，常感到不顺心，对什么事情都没有兴趣，有时还伴有失眠或昏睡、体重下降、饮食过多或过少等生理变化。

（1）学会将自己的痛苦以适当的方式发泄出来，减轻心理上的压力。

要敢于把自己不愉快的心事向知心朋友、老师、家里人诉说，或采用其他迂回方式，从宣泄中得到解脱。

（2）多与人交往。

不要拘泥于个人的小天地，应自觉地把自己置于集体中，从丰富多彩的集体活动中寻找温暖和友谊。

（3）学会自我安慰，自我调节。

遇到不愉快的事，应多从好的、积极方面着想，笑对痛苦，保持豁朗的情怀。不要瞻前顾后、想入非非，不要有过高的奢望，合理调节自己的抱负水平，有助于走出困境。

（4）经常参加生动活泼的文娱体育活动，调节自己的精神生活，以消除心理紧张，陶冶情操，开阔心胸。

（5）做情绪的主人。

通过意志消除不愉快的情绪，保持乐观的情绪。不要过分自责、自悲、自怜。
（6）向榜样人物学习，阅读一些优秀作品以开阔心胸。

活动训练

（一）下面是一组人物的各种面部表情，你能表演出这些情绪吗？
惊奇、愤怒、高兴、害怕、悲伤、厌恶
（二）下面列出了四种基本情绪：喜、怒、哀、惧，请在每种基本情绪后写出表现这种情绪的词语，写得越多越好。

喜：_____
怒：_____
哀：_____
惧：_____

（三）自我探究——详细谈论你的情绪。

情绪是从经验和行为中产生的，因此谈论情感而不将它们与经验和行为挂钩是不现实的。现在，我们首先来看两个示例，看看如何来具体说明自己的一些负向情绪，找出负向情绪背后的原因。

示例

- 含糊描述：我对班级讨论感到厌倦极了。

具体陈述：每当我打算向其他同学说出自己的观点时，特别是说出一些否定性的东西时，我就感到举棋不定和为难。每当这种时候，我的心跳得特别快，手心也出汗了，觉得好像每个人都不满地盯着我。

- 含糊描述：有时候我觉得自己是个相当过敏和心怀怨恨的人。

具体陈述：我不能很好地接受别人的批评。当我获得任何消极的反馈时，我通常微笑一下，看上去一副满不在乎的样子，但在心里我就感到不舒服了，对提意见的人也开始闹意见了。我对自己说，那个人得为自己说的话付出代价。我发现即使想让自己承认这一点也是很难的，这听起来太小气了。例如，上周我从被我看成是朋友的王华那里得到一些消极的反馈，我就感到了气愤和受伤，并从此找机会在班上找他的碴，一直找机会回敬他。由于我一直没能找到他什么把柄，我心里甚至感到挺不好受的。

下面我们来练习具体说明自己的一些负面情绪。先给出自己曾经经历过的负面情绪，然后用具体描述来使自己的经验、行为和情感变得清晰，从而找出情绪背后的行为或经验的原因。

1. 含糊描述：_____
   具体描述：_____
   _____

2. 含糊描述：_____
   具体描述：_____

3. 含糊描述：_____
具体描述：_____
_____

感悟

（一）通过这次活动，使我感触最深的是_____
_____

（二）我准备在以后的学习和生活中有如下改变：_____
_____

（三）我的近期目标是：_____
_____

回顾

工作的顺利与否、人际关系的好坏、事业的成败、生活中的重大事件等都会引起不良情绪的产生，它会对人的生活产生很大的影响。

通过今天的学习，要懂得你无法改变天气，却可以改变心情；你无法控制别人，但可以掌握自己。我相信你们是可以做到的！

实训六　克服嫉妒心理

案例分析

我有一个朋友，我们的爸爸在同一个单位工作，很巧的，我们两长大后也在同一个单位工作，她的外貌、家庭背景都比我好。我因为家庭有很多烦心的事，所以经常很不开心，但她就不同了，在单位都是一副幸福少女的样子。有时我心情很不好，想到她就那么好命，我就更难受。总是去比较的后果就是我更不开心，我知道自己不该嫉妒她，我们一起长大，我更应该把她当成好朋友，希望她幸福，但不知道为什么就是控制不了自己，我很嫉妒她，我不知道应该怎么办，有时我觉得自己好坏，很恨自己，请你们帮帮我，告诉我，我应该怎么办？

讨论

（一）主人公为什么会这样？这样下去有什么后果？

（二）你有什么预防措施吗？

要点提示

（一）什么是嫉妒

嫉妒：一种极想排除或破坏别人的优越地位的心理倾向。

（二）嫉妒心理的危害

嫉妒心理是一种破坏性因素，对生活、人生、工作、事业都会产生消极的影响，正如培根所说：嫉妒这恶魔总是在暗暗地、悄悄地"毁掉人间的好东西"。

1．直接影响人的情绪和积极奋进精神

2．容易使人产生偏见

嫉妒，在某种程度上说，是与偏见相伴而生、相伴而长的。嫉妒程度有多大，偏见也就有多大。偏见不仅仅出自于一种无知，还出自于某种程度的人格缺陷。

3．压制和摧残人才

在现实社会生活中，在对人才的评价和使用的过程中，时常受到嫉妒心理的干扰，使得有些人才得不到及时地、合理地使用。有位历史学家曾断言，中国社会自唐代以后开始走下坡路，一个重要的原因就是嫉贤妒能的现象日趋严重。

4．影响人际关系

荀况曾经说："士有妒友，则贤交不亲；君有妒臣，则贤人不至"。嫉妒是人际交往中的心理障碍，它会限制人的交往范围，压抑人的交往热情，甚至能反友为敌。

5．影响身心健康

妒火中烧而得不到适当的发泄时，内分泌系统会功能失调，导致心血管或神经系统功能紊乱而影响身心健康。

（三）减少嫉妒心理的发生

1．提高道德修养

封闭、狭隘意识使人鼠目寸光，因此，我们要不断地提高自己的道德修养，不断地开阔自己的视野，胸怀大志，与人为善。

2．正确认识嫉妒

嫉妒心的产生往往是由于误解所引起的，嫉妒其实并不会使自己比别人好，而只会损害别人的利益，又损坏自己的形象，同时还侵蚀自己的心灵，于人于己都没有好处。

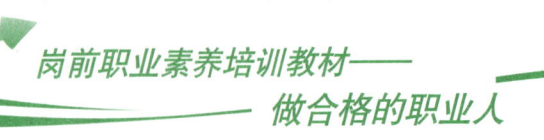

3．客观评价自己

当嫉妒心理萌发时，能够积极主动地调整自己的意识和行动，从而控制自己的动机。这就需要冷静地分析自己的想法和行为，从而找出自己的差距和问题。

4．见贤思齐

一个人不可能在任何时候都比别人强，人有所长也有所短。应该见贤思齐，向对方学习，化嫉妒为竞争，提高自己。

5．看到自己长处

聪明者应当扬长避短，寻找和开拓有利于充分发挥自身潜能的新领域，这也会在一定程度上补偿先前没能满足的欲望，达到减弱乃至消除嫉妒心理的目的。

6．经常将心比心

嫉妒，往往给被嫉妒者带来许多麻烦和痛苦，如果你设想一下别人这样对待自己会如何，你肯定大大地收敛自己的嫉妒言行，与他人相处和睦。

7．转移注意力

当我们有很多事情要做时，我们就无暇去嫉妒别人。

8．学会自我宣泄

最好能找知心的朋友、亲人痛痛快快地说个够，亲友适时地进行一番开导能帮助你阻止嫉妒朝着更深的程度发展。

活动训练

（一）搜集资料

每个人都进行搜集有关嫉妒导致失败的实例或故事。

（二）小组交流

在小组内，向自己的同伴讲述关于嫉妒的危害。

（三）演讲："有嫉妒心的人，不能完成伟大的事业"

每个人勇敢地走上台，在全班同学面前演讲。

感悟

通过这次活动，使我感触最深的是_____

我准备在以后的学习和生活中有如下改变：_____

我的近期目标是：_____

回顾

通过今天的学习，我们懂得了人要学会宽容，要明白每个人都有天赋，而且每个人的发展都是不均衡的。嫉妒只会拉动风箱扇起你的叹息！老师相信你们一定会妥善处理这一心理障碍的。

知识链接

妒忌的代价

一到下雨天，雨伞就得到主人的重用，因此，它过得很快活。

可好景不长，雨衣得到了重用，雨伞感到非常失落，对雨衣的态度很快由羡慕变成了妒忌。

一天，雨衣刚工作完，就舒舒服服地躺在一边睡起觉来。雨伞觉得这是个大好的机会，于是就来到雨衣旁，用伞头把雨衣扎了个大洞。干完了这一切，它满意地回到了角落。

又是一个雨天，主人把雨衣拿出来，发现有个破洞很心疼。他于是就用剪刀，从雨伞上剪下来一块布，缝在雨衣上。因为主人的手巧，补丁变成了一朵美丽的花，雨衣比以前更漂亮了。而雨伞却被丢在了垃圾箱中哭泣。

妒忌者的痛苦比任何痛苦都大，因为他既要为自己的不幸而痛苦，又要为别人的幸福而痛苦。

结 束 语

人才的成长需要良好的心理素质，而良好的心理素质取决于不断的养成训练，心理素质的提高是人才素质提高的重要手段。现代人要适应社会，就要掌握优化心理素质的基本途径和主要方法，在日常生活和工作实践中扬长避短，发挥自己的优势，开发自己的潜能，成为竞争社会的强者。只要积极努力，人人都能成功！

参考书目：

1. 《成功心理素质训练》 复旦大学出版社 肖永春 齐亚丽 主编
2. 《职业心理学》 中国轻工业出版社 【美】ANDREWJ.DUBRIN 著 姚翔 陆昌勤 等译
3. 《秘书训练课程》 海天出版社 廖金泽 著
4. 中华励志网

第五单元 做善于合作的职业人

很多人之所以成功，在相当大程度上归功于他善于辞令。一个人无论做什么事情，善于沟通总是可以得到更多的帮助和支持，也使事情更为顺畅。

实训一　　敲开沟通之门

在一切人际交往与过程中，人们越来越感觉到交流与沟通的重要性。对每个人来说，生存与发展的智慧和能力，除了学习掌握某种专业知识和职业技能外，最主要就是人际交流与沟通的智慧和能力。有效的沟通不仅使你学习进步、事业有成，而且还可以使你更充分的享受生活。

> 良好的沟通能力是构成事业基础的一个要项。能简明、有效地交代自己的意思，又能清楚的了解别人的用意，就拥有最好的机会。

案例分析

1. 一天，一位香港客人来到酒店前台办理入住登记，负责接待的员工照例向客人询问所需要的房间类型，但是该员工粤语水平又欠佳，用蹩脚的粤语向客人解释后客人仍听不懂，几经反复，香港客人叹口气离开了酒店。

2. 一天，某储蓄柜台前来了一位中年客户，他急急忙忙的要办理小额抵押贷款业务，中年客户嗓音很大的说："同志，我要办抵押贷款，怎么办理？请快点。"柜员说："好的，这是您要填写的申请表，请填好后给我。"说完就转身为其他客户办理业务。中年客户便大声吼道："要填这么多，你也不给解释一下，把我晾在一边？"柜员轻声说："上边都写着呢，你自己可以看清楚。"中年客户说："你帮我填吧，我看不懂。"柜员不耐烦地说："对不起，我不能帮你填，这是规定。"中年客户生气地说："什么态度！你们领导在吗，我要投诉！"这时另一位柜员微笑着走过来说："有什么事，请跟我说吧。"中年客户大声说："我来办理贷款，不会填表，这位柜员不肯帮我填，还一副爱理不理的样子。我还有很急的事情要办，快来不及了！"柜员耐心的说："这样，我来帮你填表，你签字确认，可以吗？"随即又补充道："申请贷款需要一定的时间，请稍等一下。"客户高兴地说："好，好，越快越好。"

柜员在20分钟左右的时间里为中年客户办好了此笔贷款业务，使性急的客户满意而归。

😊 讨论

（一）上面的故事反映了一些失败的沟通，请你说一说有哪些障碍阻碍了有效的沟通？

（1）故事一：香港客人为什么没有选择这个酒店？
_____

（2）故事二：第一位银行柜员的服务为什么会遭到投诉？
_____

（二）你还能想到有哪些状况会阻碍有效的沟通吗？
_____

🖐 要点提示

造成沟通困难的因素有：

1. 语言不通

同样的词汇对不同的人来说含义是不一样的。年龄、教育、文化背景是三个最明显的因素。它们影响着一个人的语言风格以及它对词汇的界定。语言问题，导致了不少沟通问题。

平时最好用简单的语言、易懂的言辞来传达讯息，而且对于说话的对象、时机要有所掌握，有时过分的修饰反而达不到想要完成的目的。

2. 文化地位差异

这类障碍是由身份、地位不平等造成的。沟通双方身份平等，则沟通障碍最小，因为双方的心态都很自然。例如，与上司交流时，下属往往会产生一种敬畏感，这就是一种心理障碍。另外，上司和下属所掌握的信息是不对等的，这也使沟通的双方发生障碍。

3. 自以为是

我们对许多事情有自己预先定型的想法和态度，这些态度影响着我们的沟通。

沟通时先入为主，只按自己的思路去思考，而忽略别人的需求。我们的知识和价值观也影响着我们对某一事物的看法，影响着我们的沟通。

沟通中的双方有一方对另一方存在偏见，或相互有成见，人们都习惯于坚持自己的想法，而不愿接受别人的观点。这种自以为是的倾向构成了沟通的障碍因素。

4. 不善于倾听

沟通的一个重要环节是倾听，沟通不可能是一个人的事情，当有一方在表达时，另一方必须专注倾听才能达到沟通的效果。而人一般都习惯于表达自己的观点，很少用心听别人的。

5. 缺乏反馈

沟通的参与者必须要反馈信息，才能使对方明白你是否理解他的意思。反馈包含了这样的信息：有没有倾听，有没有听懂，有没有全懂，有没有准确理解。如果没有反馈，对方以为他已经向你表达了意思，而你以为你所理解的就是他所要表达的，造成误解。为了消除误解，沟通双方必须要有反馈。

6．缺乏技巧

技巧是指有效沟通的方式，目的是消除因方法不当引起的沟通障碍。关于沟通技巧，主要从下面一些角度去认识：

◆ 你会正确表达想法吗？
◆ 你能够按对方希望的时间和方式表达想法吗？
◆ 你能够与不同职位、不同性格的人进行沟通吗？
◆ 如果已经造成误解，你能够消除吗？

7．受到干扰

沟通受到干扰突然中断，是最常见的一种障碍。而且这种情况在沟通过程中可能会发生许多次。

◆ 阅读材料时，有同事走进来和你讲话。
◆ 与人会议时，秘书暂时离开她的办公桌，这时电话铃响了，不管你接不接电话，会谈已经中断了。
◆ 开会正在发言时，有人举起手发问。无论要不要停下来让他发问，他已经对你（发送者）和与会者（接收者）造成干扰。
◆ 会谈中，突然窗外传来消防车的警铃声。就算你们两人礼貌性地不去注意外面的骚动，尽力集中精神，但实际上仍然受到了干扰。

思维拓展：

你能通过上面讲述的造成沟通的障碍来谈一谈怎样才能做好沟通吗？

沟通的几个错误观念。

1．沟通不是太难的事，我们每个人每天不是都在做沟通吗？
2．每个人都知道沟通是什么。
3．我告诉他了，所以我已和他沟通了。
4．只有当我想要沟通的时候，才会有沟通。
5．沟通的能力是天生的，而不是交出来的。

活动训练

1．我们听到了什么？

（1）规则：分组一对一耳语将信息迅速传达下一位，传达时间不超过 1 秒，否则视同犯规。对比最后获得的信息与最初传递的信息之间的差异。

（2）分享：

① 我们为什么会出错？

_____

② 我们在哪些环节发生了那些信息差异？

_____

③ 如何克服沟通障碍？

_____

2．头脑风暴：

（1）请用 10 个词语形容最容易交流的人？

（2）请用 10 个词语形容最难交流的人？

（3）总结以上两者的共同点。

（4）如果形容你，你的同伴又会用到哪些词呢？

感悟

在训练中我的收获是

我的不足之处有

我提高沟通能力的目标是

回顾

沟通是一门艺术。沟通的艺术，不仅仅在于对语言的灵活运用和把握，更在于你能找准出发点和着眼点，站在自己和对方的角度看待问题，从而使矛盾迎刃而解。同样沟通技巧也并不是与生俱来的，而是需要靠学习和实践来获得。你一生之中不知道已经传达过多少信息和感受，可以说，你已经建立起一套自己所用的沟通技巧，但是即使如此，人们的沟通技巧都有改进的余地。

知识链接

余世维讲沟通——沟通的三要素如下：
沟通的基本问题——心态（Mindset）。
沟通的基本原理——关心（Concern）。
沟通的基本要求——主动（Initiative）。
（1）沟通的基本问题——心态（Mindset）
很多人都以为，沟通是一种讲话的技巧，其实这样说是不对的。一个人的心态不对，他的嘴就是像弹簧一样也没用，所以沟通的基本问题其实是心态的问题。
怎么来理解心态呢？可以这么说，心态有三个问题：
问题 1：自私——关心只在五伦以内（君臣；父子；兄弟；夫妇；朋友）
问题 2：自我——眼中只有自己，别人的问题与我无关

问题3：自大——我的想法就是答案

一个人一旦自私、自我、自大起来，就很难与别人沟通，这就是心态不对的典型症状。

（2）沟通的基本原理——关心（Concern）

著名教育专家内尔·诺丁斯博士撰写过一本书——《学会关心：教育的另一种模式》。这本书的主题是"关心"。作者在引言中说："关心和被关心是人类的基本需要。"关心，是一种问候与帮助别人的表达方式，是一种发自内心的真挚情感。有人说，学会了关心就等于学会了做人，学会了生存。这话说得一点儿都不错。我们来看关心在沟通方面的概念，它共涉及以下三个方面。

A 关注状况与难处

B 关注需求与不便

C 关注痛苦与问题

（3）沟通的基本要求——主动（Initiative）

A 主动支援

B 主动反馈

所以对有效沟通而言，一个要主动支援，另一个要主动反馈。任何公司只要能同时做到这两点，沟通就会顺畅，解决起问题来就会十分轻松简捷。

实训二　聆听的艺术

你是否抱怨过没有人能够理解你？你是否觉得自己不善于与别人交流？如果存在这类问题，可能是由多种因素造成的，关键是要关注和改变自己的心态，多与别人交往。但在做法上，可以从用心聆听做起，不必急于、更不要不断地告诉别人你想要的东西，而是要用心聆听别人的心情和想法。

武侠小说中的功夫高手，有一种能力叫做以静制动。在沟通中唇枪舌剑不一定效果好，反而静观其变才是制胜的法宝，所以在沟通中要耐心听取对方的意见，给对方充分阐述的时间，同时也给自己一些思考的余地和空间，这是最佳的应变之道。

案例分析

1. 有一位汽车销售大王，他的销售生涯中总共卖出一万多辆汽车。虽然他销售成绩十分辉煌，却也是经过多少次的失败才得到的成绩。

一次，一位客户介绍他的朋友来买车，销售大王非常认真用心地介绍，客户也表示很满意，可是到最后客户突然不买走了。销售大王经过一整天的思考还是不明白问题出在哪里，于是，终于忍不住打电话去询问客户，到底为什么不买他的车？当客户听到销售大王电话的来意，犹豫一会，终于开口说："你对汽车的解说我很满意，可是我不欣赏你下午的态度。我本来想买，但最后在谈到我儿子的事情时，你表现出一副满不在乎的态度，而且你一边和我谈话，又一边听别的销售员在讲笑话，这让我觉得很不受尊重，我就是因为你的态度，才决定不买了。"

2．一家电话公司遇到了这样一位顾客，他态度刁蛮，满腹牢骚，还恶意咒骂接线员。不但拒付话费，还写信给报社，并屡次向消协提出投诉，致使这家公司接到的投诉比平时多出几倍。

最后，公司派了一位经验非常丰富的调解员去拜访这位客户。这位调解员一共去了四次。第一次去，调解员静静地听了三小时这位客户的牢骚之言，并不时表示同情。第二次去，又整整听了两小时的牢骚话。第三次去，这位客户给调解员讲述了他想创办"电话用户权利保障协会"的构想，调解员深表赞同，并加入了这个协会，成为至今为止，这个协会的唯一会员。第四次去，调解员才说明了收电话费的来意，结果那位蛮不讲理的客户竟然二话不说痛快地支付了欠下的电话费，并主动撤销了向消协的投诉。后来，别人问那位调解员，他是用了什么方法才使那位客户转变的，调解员说："最好的方法就是倾听。"

讨论

上面这两个这个故事让你想到了什么？

你知道吗？

调查研究发现，沟通中的行为比例最大的是倾听，而不是交谈或说话。如图5-1所示：

如图5-1所示，倾听在沟通过程中占有重要的地位。我们在沟通中，花费在倾听上的时间，要超出其他的沟通行为。

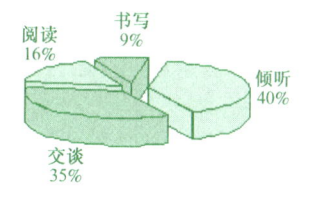

阅读 16%
书写 9%
倾听 40%
交谈 35%

沟通行为比例

如果你是一位话多的人，改变一下吧，先学会做一位优秀的倾听者。

头脑风暴：我们遇到的倾听障碍有哪些？

提 示

客观障碍：

噪声、人员太多、使用电话、方言、外语、身体不适、时间不足、缺乏专业知识等。

主观障碍：

没有参与感、话不投机、害怕听别人说、理解不同、观点不同、偏见等。

反省：我是否做过？

1. 别人讲话时在想自己的事情。
2. 边听边与自己的不同观点对照。
3. 经常打断别人的谈话。
4. 忽略过程，只要结果。
5. 仅听自己想听或者愿意听的东西。
6. 精力不集中，容易被其他事物干扰。
7. 当别人讲话时谈论其他事情。

还记得我们做过的传话游戏吗？要完成传话任务，使信息准确无误的传达到最后一个伙伴的耳中，听话能力在其中起着非常重要的作用。只有每一个人都做到听得准、理解快、记得牢，才能保证传得快、说得准、最后不走样。

头脑风暴：请想一想在聆听的时候有哪些注意事项？

要点提示

1. 学会客观地听

听别人说话，总会有自己的主观感受和评价，这是自然的；别人的说话引起自己情感的冲动和变化，也是难免的。但是，在初步感知阶段应该保持一种客观的、求实的态度。

2. 学会聚精会神地听

听话是人际交往中接受有声语言、吸引信息的过程。因为这个过程是在人际交往中进行的，而口语又具有稍纵即逝的流动性的特点，所以听话态度十分重要。表情专注的聆听，也是对说话人的尊重。充分的尊重对方，能够提高对方说话的兴趣，这反过来又有助于我们自己获得更多的信息。

3. 学会耐心地听

耐心倾听，不随便打断别人讲话，这是有教养的表现。别人跟你说话时，就是想把他的所见所闻、所思所感告诉你，甚至希望得到你的重视和支持。不管对方讲话的内容怎样，首先要允许对方把话说完。哪怕是自己不爱听的话，或是与自己意见相左的话，一般也要等对方说完以后再发表自己的意见。即使要反驳，也要听明白对方的意思以后再发言。另外由于信息传播的不实，造成他人对你的误解，在这种情况下，要等对方表达结束后，再去澄清事实，消除他的误解。

4. 学会边听边做出积极反应

不要以沉默代替倾听，如果对别人的说话没有任何回应，容易引起说话人的误会。如果在倾听过程中，你没有听清楚，没有理解，或是想得到更多的信息，想澄清一些问题，想要对方重复或者使用其他的表述方法，以便于你的理解，或者想告诉对方你已经理解了他所讲的问题，希望他继续其他问题的时候，应当在适当的情况下，通知对方。这样做一方面，会使对方感到你的确在听他的谈话，另一方面有利于你有效地进行倾听。

5. 学会听出"潜台词"

"潜台词"是指没有直接说出来的言外之意。要真正理解对方话语的含义，一定要分析对方的话语中是否含有"潜台词"，这一点很重要。因为种种原因，有的人不愿或不便直截了当地说出自己的真实想法,而是采用比喻、比拟、双关、反语、婉辞等手法来婉转地表达。性格内敛、学识渊博、社会地位高的人士,更习惯用含蓄委婉的表达方式与人交流。

6．学会从庞杂无序的语流中抓要点、理层次、听思路

口语传播受时间限制,稍纵即逝;由于语言的流动性,我们很难记住对方说的每一个字,但是可以学会根据需要对大段的说话内容进行适当取舍,抓住关键的字、词、句,体会说话人的大致思路,从而把握关键问题,记住主要内容。

7．记住听到的内容

听到的话若不能记住,听话就没有什么意义了。记忆是听话过程中获取信息的一个重要环节。可以根据话题特点,抓住不同的关键词来记忆。

8．学会筛选、整合

对于听到的信息,不能盲目的全盘接受,要根据需要对信息进行筛选,提炼,抛弃那些价值不大的、自己不感兴趣的或者暂时与自己无关的材料,留下那些对自己有价值的内容,留下精要之处。要通过分析,弄清楚哪些信息是有用的,哪些信息是多余的;哪些信息是主要的,哪些信息是次要的;哪些信息是真实的,哪些信息是虚假的。

自检：

在沟通中,你容易出现的"不愿听对方说话"的原因是什么?"听不懂对方意思"的原因是什么?你是如何处理的?你认为自己能够在哪些方面做出改进?

活动训练

1．认真听下面五句话,连续听完后回答问题。

（1）5乘以4加6减3等于多少?

（2）小李正在照相。

（3）小刘到门诊部去看病。

（4）我和张先生做生意。

（5）我邀请赵晶去商场买东西。

这五句话中只有一句没有歧义。指出有歧义的句子,并分析可以有哪几种理解。

2．信息收发——沟通中聆听和反馈信息的重要性。

（1）游戏开始时,教师指向任意一人并说："你!"让那个人把一只手放到头上,表明"收到"。

（2）然后由他指向另一个人并说："你!"那个人把一只手放在头上,再指向另一个人并说："你!"继续进行,直到最后一个人用手指着教师,教师也把一只手放到头上。

（3）现在,每个人都指着另一个人。每个人都在心里记下你的发送者和接收者是谁。然后放下双手。

（4）重新开始：每个人还是依次说"你!"但这次只用眼睛与接收者进行目光接触。这样做三四次,速度要越来越快,直到大家能够非常牢固地掌握这种方式(他传给我,我传给他)。

（5）现在，以一个全新的方式开始。这次用蔬菜来做游戏，指向一个新的接收者（除了第一次指的人外的任何人）并说出一种蔬菜的名字，例如："菜花！"那人把一只手放到头上，再指向一个新的接收者并说出另一种蔬菜的名字，可以是"菠菜！"继续这个过程，直到最后一个人把蔬菜发送给教师。

（6）按照这种"蔬菜"的方式进行这个游戏三四次，直到这种方式被牢固的掌握了。

（7）回到"你"的方式。大家还记得第一次的接收者吗？

（8）按这种方式在进行这个游戏一两次。然后换到"蔬菜"的方式，进行这个游戏。来回切换几次，直到大家能够毫无困难的在两种方式间进行转换。

（9）现在到了游戏最有趣的部分了：看着你的第一个接收者并说："你！"然后立即转向你的第二个接收者，说："菜花！"两种方式同时进行。当作为组织者的教师，既收到一个"你"，也收到一种蔬菜，游戏成功。

（10）如果速度非常快，可以增加一些有趣的因素：在"你"的方式中，要求每个发送者走过去，站在接收者的位置上，而该接收者必须站到他自己的接收者的位置上去，依此类推。

（11）分享：

① 以两种信息收发方式同时进行游戏为什么变得困难了？
_____

② 要成为一名好的接收者，我们应该怎么做？我们怎样才能成为一名好的发送者？
_____

③ 既要密切注意你的发送者，又要密切注意你的接收者，容易吗？
_____

④ 要使这种平衡的艺术变得容易一点，需要具备什么素质？
_____

⑤ 很明显，我们在这个游戏中，不得不以超常的能力进行交流。如何对这些技巧加以变通，以便在平时的沟通中得到运用？
_____

感悟

在训练中我的收获是
_____

我的不足之处有
_____

我提高聆听能力的目标是
_____

回顾

说话的权利是自由的开端，但正是有人倾听才使这种权利变成现实，并且变得重要。

我们每个人只有一张嘴,却有两只耳朵。这就意味着我们要重视表达、善于表达,也要重视倾听、善于倾听。在交流中,不管你的口才有多好,你的话有多重要,也要注意听对方说些什么,力求了解对方。除非是为了打破沉默、避免冷场,应该主动先说和多说,若没有这样的必要,不要急于说话、抢着说话,更不要喋喋不休地说个没完没了。一个善于交流的人不仅要会说,而且要会听。

知识链接

实训三　询问的智慧

在沟通交流过程中,你获取对方信息的方法有很多种,询问是其中最常用的一种,但如何询问,就是一门大学问。有效的发问,不仅能获取对方的有关信息,而且可以在对方面前展现出你的水平,因为发问就是一门沟通艺术。

询问是沟通中最重要的技巧,问错一个问题就可能丧失一个机会!唯有会问问题的人才能够掌握沟通的要诀。

案例分析

询问的技巧

小艾刚刚开始接受新的工作时,她的客户主要是全球 500 强企业的人力资源总监,他们谈到一些术语和概念,她一开始听不懂,但她不会急于发问。比如说,talent pool 这个词,她很灵巧地向对方提问:您能否向我介绍一下贵公司 talent pool 是如何建设的?于是对方的回答自然让她明白了很多 talent pool 的含义。后来,她又在与其他客户沟通过程中同样听到了这个词,那时她不仅能迅速反应出 talent pool 的含义,而且她还发现这是一个共性话题,几乎和所有客户打交道时都能用。假如当初小艾只是硬生生地问 talent pool 是什么意思,结果可能是:对方会解释给她听,但这样一来他原先的表达逻辑就被她打断了,而同时也意识到小艾对这个行业不了解,于是他可能倾向于少说一些,或者只说浅层的东西让她知道,而这样一来,她所能从他这里学到的东西就很有限了。

讨论

小艾的成功对你有什么启发?

【游戏】
一、撕纸游戏:
(一)单项指令:

1. 闭眼。
2. 全过程不许问问题。
3. 对折。
4. 再对折。
5. 再对折。
6. 把右上角撕下来。
7. 转 180 度。
8. 把左上角撕下来。
9. 睁眼，把纸打开。

（二）重复指令，可以提问：
每次描述完，统计自认为对的人数和实际对的人数。

讨论

（一）完成后为何会有这么多不同的结果？
（二）完成后为何还会有误差？

游戏说明的道理：

头脑风暴：什么时候我们需要提问？

提示

收集资讯和发现需求时
开始和结束谈话
控制谈话方向时
制止别人滔滔不绝的谈话时
征求别人意见
不明白或不相信需要确认时
提出建议时
处理异议时

头脑风暴：你知道怎样提问吗？

要点提示

询问的方式
运用问题是你最有用的沟通工具。它帮助你去澄清、确认、获取资料、反馈和确定自己的理解。你用什么问题发问，要看你想要达到什么目的。

（一）封闭式问题

你想不想得到一个直接的答案？你是不是正想查核自己的理解？你是不是想得到一个是或不是的答案？在这种情况，你便应该使用封闭式问题。封闭式问题的例子：

你已拿到那个报告没有？

你同意我的建议吗？

你能不能够按时完成？

我在明天的会议中能见到你吗？

贵公司目前使用的打印机好使吗？

封闭式问题的优势，节省时间，控制谈话方向。风险，咨询有限，气氛紧张。

（二）开放式问题

如果你想知道对方的意见、想法和感受，便要使用开放式问题。开放式问题通常包括谁、什么、何时、为什么、怎样等用语，可以发掘事实、激励思想、引发思考、了解感受。开放式问题的例子：

谁应该进入这个小组？

你对这个新建议有什么看法？

你在什么时候提出的策略，这个策略是怎样进行的？

为什么你用这种方法处理这个问题？

你对我们部门所提的建议有什么意见？

你希望你的打印机具备哪些功能？

开放式问题的优势：资讯全面气氛友好。风险：浪费时间，容易偏离方向。

练习：

把封闭式问题转成开放式问题

封闭式问题	开放式问题
那是什么时候发生的？	
你的假期过得好吗？	
今天的培训怎么样？	
你喜欢哪个人吗？	

通常，我们会用开放式问题开头，一旦谈话偏离你的主题，用封闭式问题进行限制，如果发现对方有些紧张，再改用开放式问题。

下列情况可以使用封闭式问题：

1. 帮助别人迅速做出决定：你喜欢大号的吗？那样的话更便宜。
2. 你需要一条具体的信息：你能把周二下午的会面改到周三上午吗？
3. 想要澄清：那是 2 点钟还是 3 点钟？
4. 当你想要得到赞同时：你对这个方法满意吗？
5. 想让某人言归正传时：你刚才说……是真的吗？

6．想要结束一个决定转向下一个时：那么座位的安排就这么定了，在讨论菜单前我们还需要准备别的什么吗？

7．总结或检查你的理解时：所以我们需要选出的主要课题是……是吗？

8．要使某人说的更具体一些：你说那种情况经常发生。你能告诉我这个月究竟发生了几次吗？

9．了解是否取得一致：我决定……你能接受吗？

询问的技巧

1. 尽量简单

如果你想得到清楚而直接的答案，便要发出清楚而直接的问题。

不要发出一些重复叠加、结构复杂而且难以明白的问题，如"你愿不愿意接受这个新任务？如果愿意，你会怎样进行？如果不愿意，那是为了什么原因？"

要知道，人通常都倾向于只回答所听到问题的最后部分，或者最感兴趣的部分，或者对他们来说最无伤大雅的部分。

2. 由广泛至具体

学习使用"漏斗"技巧，让自己搜集由广泛至具体的资料。

开始时汇集一些意义较为广泛而容易回答的问题。当你继续发问更具体的问题时，你已取得对方的信任与默契。

先问一些整体性的问题。例如："这个程序是怎样操作的？""请问你的团队是怎样运作的？"

继续便汇集一些较为具体的问题。例如："我们怎样能解决你在这程序遇到的问题？""你的团队怎样处理这些争论？"

3. 具体明确

含糊的问题只会引发含糊的答案。这是一条不具体的问题："你也会支持这个方案的嘛？"

应该问得更为具体："你会不会支持这个方案？"前一个问题并未说明对方究竟会不会支持这个方案，只是暗示有此可能而已。

4. 澄清以确定

当你对谈论的事情不清楚时，要询问加以澄清。例如："你是不是说，限期已经改在下个星期？""你的所有疑问都已讨论过了吗？""你同意我们进行下一个步骤吗？"

5. 坦诚而直接

不要把问题修饰，使对方只说些你喜欢听见的答案。"你想今天就开始，还是明天呢？"这个问题没有留机会给对方回答他究竟会不会接受这个项目，你只问他在什么时候开始。

更佳的问法也许是："我们需要尽可能在今天就开始这个项目。在时间上允许吗？你愿意承担这个吗？"

6. 问题不带威胁性

不要用不恰当的方法问问题，这只会破坏别人的信任。他们也不会愿意回答你。

不要问一些令人产生防御的问题："你怎么可以这样？""你为什么这样做？"

如果你发出这样的问题，又发现对方产生防御，你便应该稍停下来，先道歉，解释你的用意。然后重新提问。

7. 对人敏锐

如果你需要问一些个人问题和对方对某件事的感受和看法，你便要有一个好的引言，例如："我知道这件事不容易，你介意我问你的看法吗？"

在问及此类问题前，先要征得同意。让对方有权选择答与不答。表明你关心和敏感于对方的感受。

活动训练

（一）游戏：沙漠奇案

案情：一个男人，在沙漠当中一丝不挂躺着，死了，周围没有痕迹。

过程：

1. 交代案情，同学分组通过轮流问封闭性问题的方式去判断案情的起因，并记录下所提的问题。

2. 教师只负责同学的问题，但只能说"是"或"不是"。剧情全部吻合的一组获胜。

3. 对照记录的问题，反思有哪些是有价值的提问，哪些是无意义的问题。

_____

4. 反思刚才的过程中，你有没有注意聆听。

_____

（二）班级准备组织大家暑假到北戴河作两日游，老师委派你到旅行社去咨询有关事项。你打算怎么提问？请尽量设置一些疑难问题，请旅行社的工作人员进行解答。请你邀请一个同学做模拟练习。

_____

（三）我是记者——互相了解，学会提问

1. 找自己的拍档，最好不是太熟悉的人。其中一个作为记者对这位拍档进行采访，采访的形式及内容都由自己决定，时间3分钟。

2. 你的目的是在3分钟内尽可能获取有深度的信息。要求采访过程中做笔记。采访完成后进行角色交换再做一遍。完成采访后，每位要把采访的信息做一次一分钟的演讲，目的是把你所采访的人以最佳的表达方式介绍给大家。

注意

3分钟时间有限，提问时注意有的放矢，不是闲聊。

感悟

在训练中我的收获是

_____

我的不足之处有
_____

我提高询问能力的目标是
_____

回顾

"询问"是一门艺术，是获取信息、协调观点的重要途径。在不同场合对不同事件要用不同的方式，合理的询问可以成为沟通的一种手段，成为你在社交中的技能，助你一臂之力！

知识链接

（一）适可而止的问话

有些问题，当你得不到满意的答复时，是可以继续问下去的，但是，有一些问题就不宜再问了。

（二）在谈判时要注意提问时机

在谈判桌上提问有下面几种时机：

1. 在对方发言完毕之后提问
2. 在对方发言停顿、间歇时提问
3. 在自己发言前后提问

（三）提出问题时要讲究技巧

对于谈判中提出什么问题，怎样表述问题，何时提出问题要讲究技巧，因提问方式不同对方产生的反应也会不同。

谈判中的提问形式有以下几种：

1. 攻击型提问

当谈判双方发生分歧时，有时出于某种策略，要显示己方的强硬态度，或者要故意激起对方的某种情绪，就可以使用攻击型提问。其结果多会造成双方情绪对抗与语言冲突。如"我倒是想问你一句,你这么说到底是什么用意？""如果我们不想接受你们的建议,你们会怎么办？"

攻击型提问的不友好态度，决定了它不能在谈判中任意使用。只有在谈判客户瞻前顾后、犹豫不决的情况下适当使用。

2. 婉转型提问

这种提问是用婉转的方法和语气，在适宜的场所向对方发问。这种提问是没有摸清对方虚实，先虚设一问，投一粒"问路的石子"，避免对方拒绝而出现难堪局面，又能探出对方的虚实，达到提问的目的。例如，想把自己的产品推销出去，但并不知道对方是否会接受，又不好直接问客户要不要，于是试探地问："这种产品的功能还不错吧？你能评价一下吗？"如果对方有意，就会接受；如果对方不满意，也不会使双方难堪。

3. 协商型提问

如果要客户同意自己的观点，应该用商量的口吻向对方提问，如："你看这样写是否妥当？"这种提问，客户比较容易接受。而且，即使客户没有接受自己的条件，但是谈判的气氛仍能保持融洽，双方仍有合作的可能。

实训四　表达的关键

众所周知，说话是一门高超的语言艺术。有人认为：把话说到别人心坎里并非一件难事。话虽如此，但"看花容易绣花难"，要想把话说好，还需要下一番苦工夫。

案例分析

有个人为了庆祝自己升职，特别邀请了四个同事，在家中吃饭庆祝。

三个人准时到达了。只剩下一人，不知何故，迟迟没来。

主人有些着急，不禁脱口而出："急死人了！该来的这么还没来呢？"其中一个同事听了之后就不高兴了，对主人说："你说该来的还没来，意思是我们是不该来的，那我就告辞了，再见！"说完就气冲冲地走了。

一个没来，另一个又气走了，这人急得又冒出一句："真是的，不该走的却走了！"剩下的两个人中有一个生气的说："照你这么讲，该走的好似我们了！好，我走。"说完，掉头就走了。

又把一个人气走了。主人急得如热锅上的蚂蚁，不知所措。最后剩下的这一个同事交情较深，就劝这人说："朋友都被你气走了，你说话应该留意一下。"

这人很无奈地说："他们全都误会我了，我根本不是在说他们。"最后这个同事听了，再也按捺不住，脸色大变道："什么！你不是说他们，那就是说我啦！莫名其妙，有什么了不起。"说完，铁青着脸走了。

讨论

故事中的主人本来一番好意宴请同事，为什么会造成这个结果？

要点提示

思维的内容和方式通过语言具体表现出来，语言的混乱体现了思维的愚蠢。有效思考和沟通的关键在于清楚和准确的运用语言。在大多数情况下，当你清晰地思考时，你能够清楚的运用你的语言表达你的思想。要想把话说好、说到位，需要一个清晰地思维。在我们进行表达的时候，要想清楚这五个问题：为什么说？对谁说？在哪说？说什么？怎么说？

（一）为什么说——看目标，清晰明确

表达开始前，弄清楚要达到什么效果。它能帮助你沿着谈话的主线，朝着既定的目标发展而不转移话题。

（二）对谁说——看对象，因人而异

话要因人而异，必须考虑几点因素：

1. 听者的文化知识水平
2. 听者的个性性格
3. 听者的心理特点和情感需求
4. 听者的性别特征
5. 听者的年龄特征
6. 听者的心境特征
7. 听者的职业
8. 听者的宗教信仰

（三）在哪说——看场合，话随境迁

1. 场合——顾及具体场境，观察特定场合灵活变通
2. 气氛——注意语境变化，根据不同氛围进行表达
3. 时间——利用时境特点，诱发欲望、提供谈资
4. 事件背景——洞悉大环境和营造小环境
5. 人事关系——符合不同的身份、地位

（四）说什么——看内容，了然于胸

1. 表达的观点和传递的信息要清楚具体、理由明确
2. 所需资料全面、真实可信
3. 明确双方的目标、把握自己的底线
4. 对可能出现的状况做好应对准备

（五）怎么说——看方式，恰到好处

1. 表达清晰，措辞精炼、有条有理，抓住问题关键
2. 态度平和，维护对方自尊，控制情绪，不做无谓的争论
3. 就事论事，多摆事实，以理服人
4. 晓以利害，诚挚恳切，消除顾虑，以情动人
5. 该明确的具体明确，该模糊的模糊超脱。该直言的直言不讳，该婉言的委婉含蓄。该简略的精炼，该详谈的就要细说

活动训练

1. 假设你到某商场实习，经过你的一番辛勤努力，终于推销出去了一台电脑，你很开心。但由于你的疏忽，当顾客转身离去时，你突然想起忘了给顾客赠品，你急忙追上去弥补自己的失误。请和同学一起模拟一下你接待顾客的全过程。

2. 请根据下面的情景分小组讨论制订方案——你将如何对他们说，讨论结束后向大家演示你们的最佳方案。

（1）小刘是你们团队的成员，开会时总喜欢和他身边的人窃窃私语，这实际上在干扰你。因为你需要每个人的注意和投入，而且这也使别人分散注意力去听他们的谈话。在这种情况下，你要与小刘谈谈这件事，你说：

_____

（2）小吴是一个很有才华的同事，不幸的是你的工作要依赖于他的工作的完成才能开始，而他又经常延误。这使得你完成工作既仓促又有出错的风险，甚至会延误工期。你走近他，对他说：

_____

（3）小陈是你的主管，你为你们部门提出了一项关于设备使用的建议，你希望能够得到他的支持，并且你已经与他讨论了有关的细节。但是他是一个优柔寡断的人，你希望能够加速他的决策过程，你请求就这个问题召开一次会议，你打算怎样对他说？

_____

感悟

在训练中我的收获是

_____

我的不足之处有

_____

我提高表达能力的目标是

_____

回顾

好口才其实并不是天生的，能说会道，让人喜爱的好口才是可以从我们的日常生活中培养出来的，只要我们努力掌握语言的规律，在平常的生活和工作中能够注意观察，多听多学，平时能够下决心苦练，总有一天，我们就可以在任何场合，从容不迫而潇洒自如地说话。

知识链接

话要怎么说：
急事，慢慢地说；
大事，清楚地说；
小事，幽默地说；
没把握的事，谨慎地说；
没发生的事，不要胡说；
做不到的事，别乱说；

伤害人的事，不能说；
讨厌的事，对事不对人地说；
开心的事，看场合说；
伤心的事，不要见人就说；
别人的事，小心的说；
自己的事，听听自己的心怎么说；
现在的事，做了再说；
未来的事，未来再说。

实训五 察颜观色，传情达意

一切人际交流与沟通，其主要载体当然是语言，但这不是唯一和全部的载体，还有一种副载体——非语言形式。这就是说，人际交流不仅要"听其言"，而且要"观其行"，包括察颜观色。这些能够传情达意的面部表情、手势、身体姿态与动作就是体态语言，就是人际交流与沟通的重要组成部分。有关研究发现，在人际交流、信息传递的全部效果中，大约45%是有声语言的作用，而55%的信息是由体态语言表达的。

体态语言之所以重要不仅有辅助和代替有声语言传递信息的作用，而且在于它是一种习惯成自然的非语言形式，最富有心理的表现力——一个面部表情、一个手势、身体的某种姿态和动作往往会"泄露天机"。所以，懂得体态语言，对于我们善于交流和沟通具有特别重要的意义——更好的自我表现和读懂他人。

案例分析

一位刚刚毕业的王小姐在参加某企业在校园组织的大型的招聘会。在面试前，王小姐做了充足的准备工作，衣着整洁干净，自荐材料制作精美。但当面试官伸出手时，她有些仓促，此时的面试官握到了一只软弱无力、湿乎乎的手。接下来，面试官让她将椅子挪近一点坐时，她并没有在意，放椅子时发出了较大的响声，结果使她失去了这份工作机会。

另外一位李先生也参加了面试。面试的时候，李先生并没有将眼睛直视对方，而是将他的眼睛只盯住对着面试官鼻尖下方到嘴唇上方的那个部位，这样一来，李先生在聆听主考官说话时就能够注意集中力，并能够快捷地调动思维，做到准确及时地回答问题。整个面试过程，李先生的表情自然，未露出拘谨之色，不时地配以真诚的微笑。"我们之间谈得很融洽，应聘很顺利。"同为毕业生的李先生很顺利地跨过了这家公司的门槛。

在保险公司工作5年的佟先生，在办公室内部的主管一职竞聘中失利。为了更大发展空间，佟先生希望跳槽到规模更大的保险公司上班，此次面试他的正是他未来的主管上司。这一次面试，对方并没有请他到办公室，而是邀请他到咖啡厅比较轻松的环境。在职场拼杀多年的佟先生预示到这是一个好现象，因为根据他的经验，95%的拒绝来自办公桌。咖啡厅里悠闲的气氛让佟先生忘记了控制自己的身体动作，将身体深深的嵌入沙发了，并翘起了"二郎腿"。尽管，这是一次愉快的谈话，但是佟先生却失去了这次跳槽的机会。

刘先生一直是从事外贸工作，平时很注重自己的形象和言谈举止。今天他面试了一家大型机械销售公司，由于没有销售经验，刘先生感觉整个面试过程都不尽如人意。"谢谢您，我今天学习到很多东西。"面试结束时，刘先生诚恳地对面试官说。此时，尽管刘先生认定这次面试"没戏"，他还是从容镇定地收拾他的东西，并没有表现出一副匆匆忙忙的模样。随后，他与面试官握手道别，并转身离开，并顺手关上了房门。三天后，刘先生收到了该公司的录用通知。

讨论

读完上面四个面试的故事，请你分析一下他们各自成功和失败的原因。

要点提示

（一）肢体语言

1. 面部表情

人体上没有哪个部位能比脸面更富有表情达意的作用，也没有哪个部位能比脸面更具有既真又假、既动又静、既先天定性又自由可为的两重性。

面部表情主要不是指静态的长相，而是指动态的脸色神情、人生姿态和气质风度。表情丰富，脸色可读。人的面部可以表现出不计其数而又十分微妙的各种表情，并且表

情的变化又非常迅捷和细致，最能体现内心的状态，也最能吸引对方的注意。所谓"出门看天气，进门看脸色"。不论是忧愁的、欢喜的、生动的、古板的、阴险的、和善的，还是高深莫测的、胁肩谄笑的、不可一世的、无可奈何的，乃至是遇事不动声色、暗藏包裹的表情，一切脸色神情都是心态的表露，也都是一些复杂感情的综合。所以，我们要善于保持自己的和颜悦色，也要能够解读各种各样的面部表情。

什么样的面部表情最有利于自我表现，也最有利于人际的交流与沟通？当然是开朗和愉快的脸色，即微笑的表情。微微含笑，这是简捷美好、含意丰富、适应广泛而又很容易做到的面部表情。闻名于世的希尔顿饭店总裁说得好："宁可用一个会笑的小学生，也绝不雇用一个不会笑的经济学博士接待顾客。"

2. 眼神

在面部表情中，一双眼睛最能袒露一个人内心的隐秘和激情了。"眼睛是心灵的窗户"，确实，眼神的表情达意极为复杂而微妙，所以历来就有"眼睛会说话"之说。在平常的人际交流之中，眼神要亲切自然地注意对方，既不能不看对方，东移西转，也不能死盯着对方的眼睛不动；既不能不吸引对方的注意，也不能眼神异常，影响交流正常进行。

当他的眼神和你交接次数较少的时候：含有否定的意思；对你不太感兴趣；或者对你不在意；不愿意和你交谈；已经感觉比较疲劳。

当他的眼神频繁的和你接触，但是毫不停留，然后立即转移的时候：他对你比较畏惧；或者他有愧心的事情；他需要隐瞒内心；他有欲望察看你，却又担心被你察觉。

当他的眼神和你平和的多次交接的时候：他对你好感；他希望能和你深入交谈；他善于观察人。

当他对你凝视很久也没有丝毫转移眼神的时候：对你抱有敌意；试图威吓你；打算阻止你的发言；对你痴迷、痴恋。

3. 眉毛

与眼睛离得最近，关系最密切的要数眉毛了。社交活动中，眉毛的不同动作和状态，代表了不同信息。

双眉平展，表示身心欢悦而平和。

眉梢微挑，表示询问和怀疑。

眉头紧皱，表示不满、为难、厌烦或者思索、考虑。

眉梢平拉，代表无奈、遗憾、毫无兴趣或百无聊赖。

双眉向上斜立，表示气恼、愤怒和仇恨。

4. 嘴巴

嘴巴传情达意的能力仅次于眼睛。不同的嘴部动作，通常表示不同含意。

双唇微露牙齿，表示对对方友善。

双唇紧闭，表示严肃认真思考和对待，或者对某人某物不感兴趣。

双唇稍稍噘起，表示轻微的不高兴。

努努嘴，表示怂恿或撺掇、嘲讽。

嘴角向下，似乎在诉说悲伤或无可奈何。

咬着下唇，可能是在思考或忍耐。

撇嘴，表示轻蔑或讨厌。

咂嘴，表示赞叹或惋惜。

5. 头部动作

通常情况下（特殊情况例外），头部动作表达的意思有如下几个方面。

（1）点头表示肯定、答应、赞同、友好、满意、信任或"跟我来"、"到这边来"、"是我"、"在这里"等；

（2）头部端正表示自信、严肃、正派、自豪、专注、勇敢、情绪饱满、精神面貌良好等；

（3）头部前倾表示倾听、期望、同情、关心等；

（4）头部向后表示惊奇、恐惧、退让、迟疑等；

（5）扬头表示傲慢、藐视等；

（6）摇头表示否定，摆头表示离开等；漫不经心。

（7）头部下垂表示顺从、羞涩、内疚、忧虑、沉思等；

（8）头部斜倾表示怀疑、疲倦、情绪低落、倾听等。

以上只是头部语言的一些基本功能。在实际生活中，语言的形式是丰富多彩的，人们完全可以根据不同的语言环境运用不同的头部语言。

6. 手部动作

通过说话时的手部动作，我们也可以对沟通对象有所了解。

十指交叉，这是一种典型的本能型防卫姿态，说明他可能受过严重地伤害，存在一定的心理阴影。

而双肘支撑双手交叉，则体现着一种充满自信的心理状态。

将十指相对做成尖塔形状的人，说明他只是对你所说的话，而绝不是对你这个人产生兴趣。

但若是用手触摸耳朵，表明他对你所说的话缺乏基本的信任。

有些人如果不停地用手触碰鼻尖，是他内心犹豫不决，未能做出明确决断时常见的肢体语言。

而用手搔头提示他这时已经出现烦躁不安。

用手捂嘴则是他想掩饰自己的真实想法。

用手在面部摩挲表明他对谈话的内容心不在焉、没有任何兴趣。

7. 身体动作

身体的任何姿态和动作也一样能够传情达意。

歪歪头，耸耸肩膀、同时双手一摊，以示无所谓、不好办、或者无可奈何。

双臂交叉抱在胸前，大多是为防御对方的挑战或威胁而下意识形成的防范动作。

两脚分开，轻轻叩击地面，或者是两脚交叉，悬空的一只脚一上一下的拍动，显露出此人的心情是紧张不安的。

身体靠在沙发背上，两手置于沙发扶手上，两腿自然落地、叉开，表示谈话轻松、自如、自信。

身子稍向前倾，两腿并拢，两手放于膝上，侧身倾听，说明很尊重对方。

身体坐在椅子前沿，身子向前，倚靠于桌上，头微微倾斜，表示对交谈内容非常感兴趣、喜悦和重视。

坐在椅子上交谈，微微欠身，表示谦恭有礼。

身体后仰，甚至转来转去，则是一种轻慢、失礼行为。

整个身子侧转于一方，表示嫌弃与轻蔑；背朝谈话者，是不予理睬的表现。

（二）声音语气

声音是有表情的，不同的声音代表着不同的内涵，声音表情实质上就是语气、语调、语速的变化所表达的人物不同的情绪、情感。

无论是哪一种语言对于各种句式都有语调规范。有些同样的句子，用不同的语调处理，可表达不同的感情，收到不同的效果。若有人说："我刚丢了一份工作。"使用同样的反问句："是吗？"作答，可以表达吃惊、烦恼、怀疑、嘲讽等各种意思。得体的语调应该是起伏而不夸张，自然而不做作。但是富于感情变化的抑扬顿挫总比生冷平板的语调感人。

音量以保持听者能听清为宜。适当放低声音总比高嗓门顺耳有礼。喃喃低语是没有自信的表现，而嗓门太亮，既骚扰环境，又有咄咄逼人之势。

语速快速，一般表示紧张、激动、惊奇、恐惧、愤怒、急切、欢畅、兴奋的心情。中速，一般表示感情变化起伏不大，平常的叙事、议论、说明、陈述。慢速，大多表示沉重、悲伤、忧郁、哀悼的心情，或叙述庄重的情景。

音调指声音的高低。音调可以决定一种声音听起来是否悦耳。如果声音低的人演说，能被人认为是没有把握，是害羞，如果声音高一点，并能够抑扬顿挫就更能引起听众的注意。

活动训练

（一）让我们谈谈——肢体语言的作用

1. 两人一组与邻座的人进行交流，时间为 2~3 分钟。交谈内容不限。

2. 请学员说明在刚才的交谈中发现对方有哪些非语言的表现（如肢体语言或表情）。比如：有的人不停摆弄手中的笔，有的人轻敲桌子。

3. 请大家继续交谈 2~3 分钟。但这次必须注意不要有任何肢体语言。

4. 分享。

（1）在第一次谈话中我们中绝大多数人是否意识到自己的肢体动作？
_____

（2）是否发现对方有什么令人不快或心烦意乱的动作或姿势？
_____

（3）当我们被迫在不使用任何肢体活动交谈时，有什么感觉？不做动作的交流是否和先前的一样有效？
_____

（4）是否发现，有时候肢体语言比语言本身更富有内涵，我们听不到的真正意义，却可以通过对方的肢体语言观察到？
_____

（5）这个游戏对你在日常社交中有什么启发？
_____

（二）非语言的自我介绍——用肢体动作进行交流

1. 两人一组。

2. 申明本次游戏的目的旨在向对方介绍自己。

3. 但是整个介绍期间不可以说话，必须全部用动作完成。

4. 大家可以通过标识、手势、目光、表情等非口头的形式交流。比如：婚戒表示自己已婚。

5. 一方先通过非语言的方式介绍自己，2 分钟后交换。

6. 大家口头交流，你对对方的了解。

7. 与对方希望表达的方式进行对照。

8. 分享：

（1）你用肢体语言介绍自己时，表达是否准确？
_____

（2）你读懂了多少对方用肢体语言表达的内容？
_____

（3）你的同伴给了你哪些很好的线索使你了解他？
_____

（4）我们在运用交流方法时，存在哪些障碍？
_____

（5）我们怎样才能消除或者减轻这些障碍？
_____

感悟

在训练中我的收获是
_____

我的不足之处有
_____

我提高非语言沟通能力的目标是
_____

回顾

人与人之间的交往是一个很复杂的过程，需要运用很多手段和方法来建立彼此的关系，这些手段和方法包括语言、动作和表情等。它们能把人们的悲喜交加、爱憎交织、喜忧参半的复杂心态表现的淋漓尽致。非语言在沟通中所占比例较大，表明了非语言行为比语言本身传递的信息量更大，而且更可信、更有效。那么在实际交往中，准确解读和运用好非语言行为以达到最佳的沟通效果就显得十分重要了。

知识链接

（一）非语言沟通的态度要求。

1. 自然、放松、大方

非语言行为的运用，是为了配合语言进行更好的沟通。要达到这个目的，沟通时首先应该做到自然、放松、大方。只有这样，才能使信息、情感真实的流露出来，沟通双方也才能够准确的捕获和把握这种信息和情感。如果非语言行为运用的扭曲变形，或者装腔作势，该用时不用，不该用时乱用，那都将会是滑稽可笑的。

2. 相互尊重、礼貌待人

要想展现自我、追求认同，必须尊重他人，以礼相待。只有这样，才能更好地展现自我，追求他人的认同，以实现沟通。故此，沟通中，不管用何种非语言行为，都应以相互尊重、礼貌待人为基础。例如，站要有个站相，坐要讲究坐姿，沟通时要面对面等。

3. 坦诚、平等

社会活动中，人们总是喜欢那些坦诚可靠的人。也就是说在人际交往中，我们运用非语言进行沟通，应该做到坦率、真诚，把自己真实的需要传递给对方。沟通时不仅要坦率，还应以平等的态度对待沟通对方，因为就其沟通本身来说，沟通双方的地位是平等的。要想运用非语言达到预期的沟通效果，就要把心态放正，把地位放平，才能实现沟通；盛气凌人，欲把自己的信息、情感强加于沟通对方，都是不利于沟通的。

（二）如何给对方留下美好的第一印象。

好的第一印象会赢得对方一定的信任并愿意以合作的态度与你沟通。故此，初次沟通时应注意以下几点。

1. 表情热情诚恳、自然大方，切忌大大咧咧或漫不经心，或紧张局促。
2. 通常坐姿是双膝靠拢，切忌两腿叉开或跷"二郎腿"。
3. 谈话时眼睛直视对方，切忌东张西望。
4. 说话时音量应柔和而低沉，尽可能不要高亢、激昂。
5. 用语言交谈时应偶尔做些自然手势，切忌指手画脚，更不能指着对方的鼻子说话。
6. 说话的语速要适中。
7. 衣着要得体，颜色搭配适宜，装束要符合沟通场合。

引用书目：

1. Development Dimensions International,Inc 培训教材
2. 《沟通激励游戏》海天出版社
3. 《实用口语交际》上海科学技术文献出版社
4. 《人际沟通与交流》 清华大学出版社
5. 简单漫画人物造型设计教程
6. 百变"手""指"的语言
7. 《身体语言密码》

第六单元 做专业技能过硬的职业人

随着科学技术发展的日新月异，各职业的专业化程度越来越高，即使从前一些看起来可能不需要什么专业技能、差不多人人都能做的职业，现在也对从业者的专业素质提出了较高的要求。

实训一　专业技能是生存之本

随着科学技术发展的日新月异，各职业的专业化程度越来越高，即使从前一些看起来可能不需要什么专业技能、差不多人人都能做的职业，现在也对从业者的专业素质提出了较高的要求。比如"仓库保管员"，一个大家可能认为再简单不过的工种，在上海浦东金桥企业，却要求现在的"仓库保管员"具有如下专业能力：驾驶和操作叉车；熟练的使用计算机，做储存与吞吐计量并制作报表；向经理室及时准确地编制报告；看懂英文的"货物标签"、"产品简介"、"各种单据"。由此可见，各行业的就业门槛日渐增高，靠专业能力谋生存、求发展的时代已经到来。

因此，只有通过强化的训练、专注的精神和兴趣的驱动来倾力打造强硬的专业能力，不断加强专业人才基本素质的培养，加强学习能力、创新能力，才能朝着既定目标不断地自我挑战、自我激励、自我完善，成为一名成功的专业人才。

案例分析

智救国税机密　凸显技术价值

一台服务器的硬盘受病毒感染，硬盘数据可能已经损坏。这硬盘中存有大量重要数据，这些数据关系到某系统的正常运转。考虑到数据非常敏感不能外泄，不想找专业做数据修复的公司尝试，而是带着一线希望直接向联想服务站寻求帮助。他，作为联想技术骨干，主动承担起这个任务。

他通过现场检测发现，硬盘已经有部分不能正常访问。工作人员焦虑的目光已经说明一切，硬盘上的数据对国税局来说是多么重要。常规处理方案是重做系统和更换硬盘，而这样做的后果，是这些宝贵数据的全部丢失。他，本着客户利益至上的信念，毅然放弃了前两种解决方案，选择了难度大、风险大、挑战大的"恢复数据"解决方案。

通过翻阅专业书籍，利用自己在高工"数据恢复"培训中学到的知识，又上网查询相关资料，他主动加班，寻找恢复数据的办法。经过两天两夜的努力，终于在第二天晚上12点恢复了硬盘中的全部数据。

客户惊叹"联想工程师就是不一样！"一句简单的表扬，一方面，是对工程师付出艰辛努力的肯定；更重要的是，证实了联想工程师技术含金量，实至名归，当之无愧！他作为台式高工、站内技术主管，一直是站内技术骨干。除了完成日常的技术管理工作，他注意对维修实战经验进行总结，给知识库提出了不少好建议。这次的实战经验，他又在整理丰富到知识库中，让更多的工程师都能共享到经验。这些宝贵的动手经验，是一种无形的财富，这种财富可以被复制、被放大、被更多的工程师所掌握和拥有，并为更多的客户创造更大的价值！

思考

1. 怎样才能成为一名像联想工程师一样的专业人才呢？

_____

2. 通过本案例，谈谈你对"专业"和"专业能力"的理解。

_____

3. 试想一想：专业人才都具备哪些基本素质？

_____

要点提示

所谓专业，通俗讲，就是相同的工作你能够比别人做得更好。当今社会，中国经济的迅速发展使人才的作用日益凸显，社会对于人才的要求越来越高。专业技能型人才，已经成为企业的核心竞争力。那么，专业人才应具备哪些基本素质呢？

① 目标明确——为自己确立具体而现实的个人目标，然后再一步步地着手去实现这些目标；

② 勇于进取——不畏艰难险阻勇于克服困难去实现目标，不用让人赶着或者逼着才会前进一步。不会坐等事态发展；

③ 热爱工作——喜爱他们的工作，做事极为专注；

④ 有闯劲——一旦定下一个目标，就有不达目的势不罢休的精神，排除万难也要取得满意的成绩；

⑤ 敢于面对挫折——遇到挫折后能够迅速恢复，不会一蹶不振，经得起风雨。充满信心、坚忍不拔，不会因为一时的挫折就灰心丧气、放弃追求；

⑥ 不断充实自我——有意识地不断学习，不断提高做事效率，不断寻找办法，取得最大的成绩；

⑦ 安心工作。一名专业人才，必定能做到积累专业能力，历练敬业精神，发掘乐业之处！对于任何职业，要想成为该领域的专业人才，其基本素质要求是相通的，没有难易、好坏之分。

专业能力，就是解决问题和岗位胜任的能力。专业能力主要来源于两个方面，即理论知识与实践操作。其中，实践操作又来源于两个方面：一方面是自我学习与摸索，另外一方面就是向别人学习。提高专业能力不是说说就行，要不断地思考，不断的学习，不断的研究，慢慢发现自己的不足，及时总结，及时改正，关键要落实到实践中去。理论知识加实践训练，才能成长为一名真正的专业人才。虽然有些人具有一定的天赋，通过很短的时间进行训练，可以获得某一专业很高的操作水平。但对于绝大多数人来说，需要付出更多的时间和努力，三年五年，甚至十年以上，才能获得所从事专业的基本技能，以满足企业和社会以及个人的需求。因此，要成为一名专业技能优秀的人才，素质培养是关键，而最为关键的是面对困难、挫折时是否能够一如既往地坚持既定的目标。

活动训练

辩论赛

【辩论题目】专才好还是通才好

正方观点：社会需要专才

反方观点：社会更需要通才

【辩论赛规则】

1. 赛制：四对四团体辩论赛，每个组选出四名选手参加比赛，在事前进行分工，分为四个辩手。

2. 正反方一辩在规定时间内发言，如超时，酌情扣分。依此类推正方二辩、反方二辩、正方三辩、反方三辩及自由辩论赛阶段。

3. 限定自由辩论总时间。

4. 自由辩论必须是正反交替进行，两位计时员分别对两队计时。先由正方任何一位辩手起立发言（此时为正方计时），完毕后（中止正方计时并开始为反方计时），反方的任一位辩手立即起立发言，直到每方队员的时间用完为止。

5. 在自由辩论的时间里，每位辩手的发言次序，次数和个人发言时间不受限制。

6. 一队发言时间已尽，另一队还有时间，则该队的任意一名队员可以继续发言，直到该队的时间用完为止。

7. 自由辩论是整个辩论赛中非常重要的一项内容，也是对一个队及辩手实力的检验。辩手应该充分利用这段时间，简洁明确地阐明自己的观点，机智有力反驳对方的观点，如果给予空洞无力的攻击，有意回避对方的质疑及观点语言的混乱，将会影响到该队的成绩。

8. 观众提问：观众提问阶段正反方的表现算入比赛成绩。观众提出的问题先经2位以上规则评委判定有效后，被提问方才能回答。正反方各回答两个观众提出的问题，双方除四辩外任意辩手作答。如一位辩手的回答用时未满，其他辩手可以补充。

9. 正反方四辩在规定时间内总结陈词，如超时，则酌情扣分。

辩论赛评分细则

项　目	细则	分数	总分
个人分数（4人）	辩论技巧：辩论员语言流畅、分析、反驳和应变能力及论点的说服力和逻辑性	10分×4	
	内容资料：论据内容是否充实、正确、引述材料是否恰当	10分×4	
	风度及幽默感：辩论员的表情是否恰当，是否有风度及幽默感	10分×4	
	自由辩论：个人在自由辩论中的表现	10分×4	
全体合作	全体论点结构的完整性，队员之间的默契与配合	40分	

感悟

通过培训，我了解了＿＿＿＿＿＿＿＿＿＿＿＿＿＿＿＿＿＿＿＿＿＿＿＿＿＿＿＿＿；
通过培训，我学会了＿＿＿＿＿＿＿＿＿＿＿＿＿＿＿＿＿＿＿＿＿＿＿＿＿＿＿＿＿；
通过培训，我提高了＿＿＿＿＿＿＿＿＿＿＿＿＿＿＿＿＿＿＿＿＿＿＿＿＿＿＿＿＿；
通过培训，我改进了＿＿＿＿＿＿＿＿＿＿＿＿＿＿＿＿＿＿＿＿＿＿＿＿＿＿＿＿＿。

知识链接

职场缺氧紧急"救护"

缺乏工作热情、精神委靡，已经成为一部分职场人士的通病。如何缓解这种职业"缺氧"现象，让自己的工作重焕生机？赫敦公司资深职业顾问李佳宁先生支了几招。

"缺氧"症状1　职业枯竭

职业枯竭是指职位要求超出能力范围，力不从心导致出现无心工作、害怕上班等心理现象。较常出现在能力欠缺、技术落伍或者工作经验缺乏的职场人士身上。

解决办法：及时充电，什么不足就补什么。比如外语、计算机能力欠缺，可以去报名参加一些强化培训班，以便在短期内实现能力的提高。如果是初进企业的白领。可以去补充一些商务礼仪方面的知识。如果是缺乏工作经验，可以多向老前辈讨教。总而言之，充电学习是解决职场枯竭的最佳途径。

"缺氧"症状2　职业倦怠

职业倦怠的"病"是因现在从事的职业没有发展前景，只是重复劳动，已经学不到新东西，竞争力处于停滞状态。

解决办法：这可分为两种情况：第一种情况是，这份工作还可以发掘你的潜力，还能容纳你的能力发挥，只不过是因为重复而使你失去了新鲜感。那么不要轻言放弃。自己给自己设立目标，提出挑战，包括短期目标和长期目标；第二种情况是，这份工作真的没有什么发展前景，几十年如一日，该学的都学到了，那就应该当机立断，去找更大的发展空间、更好的发展平台，否则只会浪费自己的时间。

"缺氧"症状3　压力过大

这类人的薪酬和职位往往都比较好，但需要承担很大的工作压力，多出现在销售人员和中高层管理人员身上。如有的企业实行销售人员末位淘汰制，硬指标让不少人感到焦虑；中高层管理人员要承担较多的责任和义务，压力导致他们出现慌张、心悸。

解决办法：首先应调整心态，缓释压力，合理安排工作与生活。多交朋友，多培养些兴趣爱好，让工作压力可以在业余生活中得到释放；其次，不要苛求他人，把自己的紧张情绪带给别人，这会让别人对你产生排斥。如果你是上级，下属做事不可能100%地达到你的期望值。再次，应学会放手让下属做事，凡事亲历亲为会耗去你太多的时间，让你不能集中精力做最重要的事情，会让你疲惫不堪，左支右绌。

"缺氧"症状4　压力过小

与上面的情况相反,这类人往往是因为压力过小,不受人重视,处在公司的边缘地位,觉得自己做的工作没有什么价值,得不到同事和上级的承认……从而产生了职业疲惫感。

解决办法:对于有真本事的人来说,不受重视等于被埋没,因此要寻找一切机会让别人发现你。但是职业能力尚欠缺的,就应该先去学习充电,否则会给人只晓得说空话之感。

实训二　加强学习,提升内功,做创新型专业人才

有较好的学习能力的企业是一个有创造力的企业。企业的创造力来源于员工的创造力,而创造力不仅有天赋的成分,更是后天获得的一种思维技能。通过后天的学习和训练可以提高创造力。

企业非常看重员工的学习能力,世界500强企业给优秀员工的定义是:"最合适的员工就是优秀员工。优秀员工必然具有较强的学习能力。"只有学习能力强的员工才能为企业持续不断地创造价值,同时这样的员工永远不会失掉工作,永远是企业不可缺少的人物。所以相对于智商来说,企业大多数都更看重员工的学习能力。

案例分析

微软的成功之道

微软成长的速度之快有目共睹,而多渠道发现和聘用人才,建立有效的人才筛选机制,对人才持续培养以及知人善用是其获得成功的主要原因之一。比尔盖茨将微软塑造成了一个奖励能人的组织。

微软公司的面试与众不同,他对一些大公司普遍采用的心理测试不感兴趣。因为固定选项的设定并不能体现应聘者的创新思维,这并不是微软所需要的。

微软公司非常重视招聘程序中的面谈这一重要环节,通过一些简单问题的双向交流,很自然地穿插一些话题,在这个过程中,面试官就可以看出,应聘者是否精于此道,他的相关知识是怎样积累起来的,他对该业务的前景有什么见解等等。

在微软的面试中,有这样一道题目:假如你在飞机上遇到一位高尔夫球的生产商,向你询问中国每年消耗的高尔夫球的数量。对于这种不可回答的问题,微软并不想得到正确答案,是想看看应聘者能否创造性地思考问题。对于"为什么下水道的井盖是圆的"或者"在没有秤的情况下,你如何称出一架飞机的重量"等等诸如此类的问题,只要应聘者回答的理由解释得当,就可以为自己创造极为有利的机会。

微软公司经常上午给应聘者一些新的知识,下午则提出与之相关的问题,看看他们掌握了多少,以检验应聘者是否具备较强的学习能力。这也是被认为是应聘者是否被录用的必要条件之一。微软经常到一些名牌大学的数学系或物理系去网罗那些学习能力很强的人才——即使这些人几乎没什么直接的程序开发经验。

讨论

1. 微软对一些大公司普遍采用的心理测试不感兴趣的原因是什么？
_____
2. 微软想通过与众不同的招聘方式选拔什么样的员工呢？
_____
3. 你认为学习能力和学历是什么关系？
_____

要点提示

如果一个员工不能不断地学习新的知识，就不可能获得成功，微软非常重视员工的学习能力和创造力，而一个多项选择题并不能说明这一点。微软承认条件是不断变化的，只有具有比竞争对手更为敏捷的反应力，才能取得竞争的胜利，这促使公司形成一种极力提倡活跃智力思考的文化。在这种文化氛围中，那些不善于学习、思维不够敏捷的人就不会有发展空间，过去拥有多少技能远不如是否有能力开发新技能更为重要。

学习型员工不同于学历型员工，学习型员工注重学习，而学历型员工看重的是学历。学历本身代表着一个人在某一阶段参加学习后具备了一定的知识。但学习却是一个终身行为，员工通过一段时间的学习有了学历，但如果就此停滞不前、故步自封，不再接受新知识、新技术，仍然有可能被淘汰。一个企业同样如此，只有不断创新、不断完善自己，才有可能适应市场经济，否则就会被市场淘汰出局。

什么样的员工才算是学习型员工，怎样才能成为一个学习型员工呢？

学习型员工应该具有以下几个特点：

1. 要有终身学习的意识，并能持之以恒。这种终身学习的能力可以适应不断变化的外部竞争环境。

2. 要善于学习。不断扩展自己的知识面，善于结合工作实际，抓重点、得要领。从本单位、本部门的实际出发，带着针对性和问题去学习，通过学习运用获得的知识去解决实际问题，才可能有实效。不能盲目地学，毕竟人的精力有限，而需要学的东西又太多。

3. 要有实干精神。学习型员工不仅要有理论知识，更要在实际业务上精通，具备一定的实际操作能力，行动果断，学习型员工往往是执行力强的员工，通过实际行动带动团队，影响周围的人都来学技术、学操作。

4. 要有团队意识，强调沟通。每项工作都需要团队成员的共同努力实现，工作中出现的矛盾、问题，往往是由于沟通差、缺少交流造成的。

在沟通中了解、传递、倾听、激励、学习，是重要的学习手段。学习型的员工应该通过与团队共同的学习来达到有效沟通，了解组织目标，制订大家认同的愿景，通过团队协作来实现。

一个员工只有具有较强的学习能力，才能通过学习提高自己的分析、想象、综合能力，从而提高创造力。如果每个员工都能在工作中勤于思考，善于把握环境变化出现的问题，

快速接受新思想和新技术，这就确保企业在激烈竞争中保持创新优势。

拓展训练

说明：这是微软最能体现对创造力和学习能力要求的一道智力测试题，据说难倒了许多应聘者。这道题需要高度的逻辑性和创造性。

问题：微软的一道智力测试题："有四个人需要通过一座桥，该桥最多只能承受两个人的重量，而且每次过桥的过程中必须持手电筒，而手电筒只有一个，这四个人最快的过桥速度分别为一分钟、两分钟、五分钟和十分钟，问他们全部通过这座桥至少需要多长时间？"

感悟

通过培训，我了解了＿＿＿＿＿＿＿＿＿＿＿＿＿＿＿＿＿＿＿＿＿＿＿＿＿＿＿＿＿；
通过培训，我学会了＿＿＿＿＿＿＿＿＿＿＿＿＿＿＿＿＿＿＿＿＿＿＿＿＿＿＿＿＿；
通过培训，我提高了＿＿＿＿＿＿＿＿＿＿＿＿＿＿＿＿＿＿＿＿＿＿＿＿＿＿＿＿＿；
通过培训，我改进了＿＿＿＿＿＿＿＿＿＿＿＿＿＿＿＿＿＿＿＿＿＿＿＿＿＿＿＿＿。

知识链接

卓越雇主眼中的优秀员工 学习能力不可或缺

北大维信总经理段震文以一位卓越雇主的"身份"，列出了他眼中优秀员工的四条标准：

第一，最合适的员工就是优秀员工。优秀员工并非一定要高学历、高职称，一个员工只要适合于这个岗位的工作，其才能和表现与岗位要求相匹配，就是一个优秀员工。

第二，优秀员工必然具有较强的学习能力。人的核心竞争力源于创新能力，创新能力来自不断的学习。因而，学习能力是一个优秀员工必备的素质。

第三，优秀员工必定具有强烈的团队精神。"团结协作"、"互相信任"反映的是一种团队精神，它不仅是评选"卓越雇主"的重要条件，而且也应成为判别一个员工是否优秀的重要标准。

第四，"敬业"是优秀员工的共同特征。无论在何种岗位，从事何种工作，一个优秀的员工，必定是一个有敬业精神的人。就要敬重你的职业，干好本职工作。一个优秀的员工，必定是一个具有高度敬业精神的人，心不在焉，敷衍塞责，绝不可能成为一名优秀员工。

参考书目：《世界500强用人标准》凯恩斯编著 原子能出版社）

第七单元 做热爱并融入企业文化的职业人

　　每个刚涉入职场的新人，都迫切希望融入单位，学有所用，干一番事业。但现实总是和理想有很大的距离，单位在给新人平台的同时，也给了一些束缚，这是无法改变的。当你迈入一个单位的大门，就决定了你必须融入这个单位，接受这个单位的企业文化。如果你离开，你必须重新选择单位，那个单位同样有自己的企业文化，有它约束职工的办法。你会发现自己匆忙的选择、草率的决定付出的代价是要花更多的精力去适应新的环境、艰难地融入新的企业文化。你要生存，你就无法逃避职场，无法逃避企业文化。如何尽快融入单位的企业文化，是新人必需的选择。

实训一　适应新的工作环境

每个刚步入职场的新人，都迫切希望融入单位，学有所用，干一番事业。但现实总是和理想有很大的距离，单位在给新人平台的同时，也给了一些束缚，这是无法改变的。当你迈入一个单位的大门，就决定了你必须融入这个单位，接受这个单位的企业文化。如果你离开，你必须重新选择单位，那个单位同样有自己的企业文化，有它约束职工的办法。你会发现自己匆忙的选择、草率的决定付出的代价是要花更多的精力去适应新的环境、艰难地融入新的企业文化。你要生存，你就无法逃避职场，无法逃避企业文化。如何尽快融入单位的企业文化，是新人必需的选择。

案例分析

"自由散漫"要有所收敛

某中职学生小丁，终于要进公司工作，小丁原先的"自由散漫"也终于要有所收敛。还真的有那么点不适应。

首先，便是朝九晚五的不适应。早上九点一定要到公司，对于"猫头鹰"型的小丁，确实是一艰苦事。经常看书看到凌晨一两点，然后蒙头大睡到九十点，小丁觉得这样的作息习惯，效率特别高。可是上班了，公司有严格的规章制度，为了上班不迟到，小丁特意去买了个闹钟。

早上七点，闹钟无情的响起，无暇再回味梦境的香甜，小丁弹簧般的从床上蹦起，二十分钟洗漱完毕，买张大饼边走边啃，对付着算顿早餐。没办法，从租的房子到公司足有两个小时的车程，一点儿不敢耽搁。公司的考勤机可不留情面！

刚上班的日子，小丁天天都觉得特别累。不用说硬从"猫头鹰"转为"百灵鸟"的生物钟倒转，路上单程两个小时的挤车，单在办公室正襟危坐个半天，就腰酸背痛受不了。做学生的时候，只要高兴，躺着看书也成，要写点东西什么的，还能放点音乐。如今，小丁坐在办公室，最盼的就是午休和下班。而且，以前在学校，书可以随便扔，只要自己找得着。到了办公室，公司规定桌上不能有杂物，任何时间都必须保持整洁和条理。对小丁来说，这又是一种不习惯。公司还规定必须衣着整洁，再不能随便套件T恤，穿条短裤四处晃悠，穿衬衫是一定要打领带的，否则就被警告，甚至被扣工资。

由学校里的宽松环境转为办公室的严谨条理，对所有新员工来说，多多少少都有些不适应。

讨论

1. 请试分析小丁对环境有哪些不适应，不适应的原因是什么。

2. 请给小丁寻找适应环境的途径。

要点提示

现在企业都有各自的企业文化,认为企业文化是企业发展的灵魂,所以让员工尽快适应企业的文化环境非常重要。一般而言,大多数员工都能比较好地适应新环境,但是当新工作环境与以前的环境差异较大,且某些新员工的心理状态有薄弱环节时,就有可能出现适应困难的情况。那么,新员工如何能顺利地接受新环境、进入新角色,进而适应公司的企业文化呢?

1．了解公司的发展史:公司的文化是在公司的发展过程中形成的,所以了解公司的详细的发展历程是新员工应该做的。

2．避免卷入是非旋涡:每家公司都有一些爱说长道短的人,他们爱添油加醋。这些是非可以听进耳内,但别忘了自己应有足够的分析能力。如不了解事情的来龙去脉,最好还是保持缄默,以免说错话。

3．加倍努力:在一个理想的环境下,某件工作可能需要三星期去处理,实际上,上司可能希望你立即完成,却没有提供足够的培训,所以应随时准备多学点东西,要在规定期限内完成工作可能要加班,甚至把工作带回家做。在许可的情况下,可寻求同事的协助,但切忌把同样的问题发问多次,有必要时应将重点记下以帮助记忆。

4．穿着得体:"人靠衣装"这句话永远是对的。穿得光鲜一点,自己也会倍觉自信。若财政状况许可,每季可添置一些衣服和配饰。要注意不同行业的人对衣着有不同的要求。别被失败挫伤,一次出错并非事业的坟墓,成功人士应从失败中学习,提醒自己,自己也是凡人。应集中注意自己的成就和潜质。

活动训练

熟悉环境

活动形式:采访

活动准备:邀请各专业老师、6名中职一年级学生和6名中职二年级学生

活动内容:

1. 带领6名中职一年级学生参观学校校史陈列室、图书馆,了解环境,谈初到学校的感受。

2. 采访6名中职二年级学生,请他们谈谈中职一年级的学习生活体会。记录他们的话,并把对自己有借鉴意义的话总结归纳如下:

成功的方面	遗憾的方面
1.	1.
2.	2.
3.	3.

续表

4.	4.
5.	5.
6.	6.
7.	7.
8.	8.
9.	9.
10.	10.

3. 向专业老师请教。

采访内容：（1）中职学习与中学学习有何不同？

（2）我们将来能从事什么职业？要掌握哪些技能才能胜任工作？

感悟

通过培训，我了解了_____；

通过培训，我学会了_____；

通过培训，我提高了_____；

通过培训，我改进了_____。

回顾

其实每个单位都一样，都有自己的企业文化约束自己的职工。企业文化是企业长期生产经营活动中所自觉形成的，并为广大员工恪守的经营宗旨、价值观念和道德行为准则的综合反映。各单位经营性质不同，规模不同，导致有不同的企业文化。据一项对大学毕业生的追踪调查表明，毕业生踏上工作岗位后，一年之内能顺利适应公司企业文化的人数仅占34%，相当高比例的毕业生属于"适应不良型"，即两年之内才逐步适应，甚至三年以上仍难适应，即所谓的"适应困难型"。适应企业环境的方式也可以分为两种，即主动的适应和被动的适应，主动的适应环境能促进工作绩效的提高，并且适应能力越强就提高的越多，被动的适应则会造成工作的停滞或危机。

知识链接

『哲理故事』

改变自己，适应环境

在还没有发明鞋子以前，人们都赤着脚走路，不得不忍受着脚被扎被磨的痛苦。某个国家，有位大臣为了取悦国王，把国王所有的房间都铺上了牛皮，国王踩在牛皮地毯上，感觉双脚舒服极了。

为了让自己无论走到哪里都感到舒服，国王下令，把全国各地的路都铺上牛皮。众大臣听了国王的话都一筹莫展，知道这实在比登天还难。即便杀尽国内所有的牛，也凑不到足够的牛皮来铺路，而且由此花费的金钱、动用的人力更不知有多少。正在大臣们绞尽脑汁想如何劝说国王改变主意时，一个聪明的大臣建议说：大王可以试着用牛皮将脚包起来，再拴上一条绳子捆紧，大王的脚就不会忍受痛苦了。国王听了很惊讶，便收回命令，采纳了建议，于是，鞋子就这样发明了出来。

把全国的所有道路都铺上牛皮，这办法虽然可以使国王的脚舒服，但毕竟是一个劳民伤财的笨办法。那个大臣是聪明的，改变自己的脚，比用牛皮把全国的道路都铺上要容易得多。按照第二种办法，只要一小块牛皮，就和将整个世界都用牛皮铺垫起来的效果一样了。

【参考文献】

中央教育科学研究所德育研究中心总课题组编：《德育——中等职业学校一年级》，人民出版社，2005年5月

实训二　珍惜新员工培训

新员工培训又称岗前培训、职前教育，是一个企业把新录用的员工从局外人转变为企业人的过程。企业对新员工进行培训是新员工了解所在企业的好机会。它不但可以帮助员工了解企业的行为规范、福利待遇、可用资源等，更重要的是将企业文化大义灌输到员工的大脑。如今，越来越多的企业认识到新员工培训的重要性，在新人入职时已不仅仅只做简单的引见，往往还要安排内容丰富的培训等待新人入职。

案例分析

新员工培训经验介绍

中职毕业生小赵和小李分别找到了自己的工作，在参加新员工培训时遇到了不同的情况：

小赵：第一天我提早10分钟到了人力资源部，被告知"请稍坐，一会儿有人带你转转"。一小时后，我被领到了一间会议室。几分钟后，里面的面试者发现我不是来应聘的，而是新员工。一阵道歉后，我被领去见我的主管。主管大声地叫来一个文员，让他带我转转。在我被介绍给其他员工的同时，那个文员，一直在抱怨着那个主管的脾气有多坏。吃午饭时，我问能不能请求调到别的部门去，他们说6个月后才能调动。我想我是不是该趁早换个工作了。

小李：我的入职培训棒极了！我到了以后被带到休息室。喝过咖啡吃过点心后，我拿到一本员工手册，上面解释了公司的绝大部分福利及政策。接着放了一段有趣的电影

解释公司的历史、设施、重要人物及各部门。接下来的一个小时是问题与解答。我们沿着厂区作了个小的旅行，然后公司请我们吃午饭。午饭时，我的主管加入进来边吃边介绍我们的部门并回答一些问题。饭后主管把我介绍给我的同事们，在职培训开始了。

这是两个很极端的例子。很少碰到被认错人，被当成应聘者的这种待遇，当然也很少又喝咖啡又吃点心，这说明入职培训直接影响着员工的自尊心、自信心、对企业的认同感。

讨论

1. 请试分析小赵为什么在参加新员工培训后想"是不是该趁早换个工作了"？

2. 小赵和小李遇到的不同待遇说明了什么问题？

要点提示

开始一项新的工作对新员工来说是充满压力的，新员工常发现自己要在一个完全陌生的工作环境下与不熟悉的人一起工作。为了在新的工作岗位上取得成功，新员工在进入企业之初应该参加新员工培训，学习新的工作方法、了解事实、做事的程序、公司对自己的期望以及公司的价值观，培训中新员工可能会因为过低地估计了新的工作责任所带来的情绪影响和适应新环境的难度而感到吃惊。对企业来讲，新员工在刚来企业的一个过渡期内将会依自己对企业的感受和评价来选择自己如何表现、决定自己是否要在公司谋发展还是当跳板，而公司的企业文化、管理行为将会影响新员工在工作中的态度、绩效、人际关系等。

一、新员工在进入企业之初将面临如下三个典型问题

1. 是否会被群体接纳？

每个人都会有这样的感受：进入一个新环境，是否会被这一个小群体接纳？曾经有一个性格有些内向的女孩子在刚进入企业之初说："在学校时同学们都说，工作中的人们比较难以相处，我也看了不少杂志上的文章反映工作中人际关系的复杂。我现在也很担心，不知道同事们会不会喜欢我，我是否会被别人说闲话，我的私人生活会不会被别人过分地干扰。听说，工作之初有不少同学都为难以与同事们相处而换工作的。但愿我能幸运一点吧！"不难发现，只有当这个女孩的上述疑虑完全烟消云散之后，她才能以一种愉快的心情来充分地展示她的才智。

2. 公司当初的承诺是否会兑现？

有不少企业为了能吸引优秀的人才，在招聘时许以美好的承诺，而一旦员工进入公司，便出现了虚假的情况，或者要求于员工的条件过多、给予员工的过少。相对于员工的工作准则、企业的历史及目标来说，员工更加关心自己的工资、福利、假期、发展前景等。只有自己的切身利益得到保障之后，他们才可以从心理上接受企业的文化、融入公司的群体中，否则他们会表现消极，即使是积极的，他们也是在准备工作经验假以时机而跳槽。

3．工作环境怎么样？

这里所说的工作环境既包括工作的条件、地点，也包括公司的人际关系、工作风格等。新的环境是吸引新人的，还是排斥新人的？同事们是否会主动与新员工交往并告诉他们以必要的工作常识和经验？第一项工作有人指导吗？他们是否完全明白了自己的工作职责？为了完成工作，他们得到了必要的工作设备或条件吗？上述问题直接关系到新员工对企业的评价和印象。

二、参加新员工培训的必要性

1．使新员工获得职业生涯所必需的有关信息，开始适应组织环境。通过职前培训活动，新员工熟悉了工作场所，了解了企业的规章制度和晋升、加薪的标准，清楚了企业的组织结构和发展目标，从而有利于新员工适应新的环境。

2．明确工作职责，适应新的职业运作程序，掌握一定的操作技能，开始胜任工作。

3．通过员工手册、职位说明书、必要的参观活动和一定的技能培训，新员工明确了自己的工作任务、职责权限和上下级汇报关系，适应了新的工作流程，对利用一定的工作不再感到陌生，从而有利于新员工开始胜任自己的工作。

4．通过一定的态度改变和行为整合活动，促使新员工转变角色，从一个局外人转变成为企业人。新员工从校园步入企业，对于职业的理解、领导的概念、职业生活的"游戏规则"等有着各自不同的理解。为了使企业的使命得到贯彻，为了使企业的行动目标和品牌得到维持，企业有必要将自己的经营理念和企业文化等融入员工的行为与观念体系中，从而使员工成为本企业真正的"企业人"。

5．通过岗位培训，新员工在招聘与甄选活动中"制造"的假象会暴露或者招聘负责人的错误认知和主观偏见会得到证实，而且新员工也会充分地表现自己的全面形象，加深了企业对员工的了解，这些都会给招聘、甄选和职业生涯管理等提供信息反馈。

三、新员工培训应包含的内容

为了制订有效的新员工培训方案，首先来检查一下新员工培训方案是否包含了应有的内容。

1．公司概况

有效的新员工培训方案首先应让员工全面了解、认识公司，减少陌生感，增加亲切感和使命感。公司概况既包括有形的物质条件如工作环境、工作设施等，也包括无形的如公司的创业过程、经营理念等。

2．职位说明及职业必备

要向新员工详细说明职位说明书上的有关条款，需要向新员工描述出恰当的工作行为，并做出示范，制定日程安排，并在规定的时间内让新员工掌握工作方法和工作技能，要接受新员工提出的问题并给予必要的指导。对于绩效考核、晋职、加薪等规定也要详加说明。所谓职业必备是指员工应掌握的在具体工作中的同事的联络、上司的管理风格、必要的保密要求、公司中的一些"行话"等。

3．法律文件与规章制度

法律文件是指带动合同、公司的身份卡、钥匙、考勤卡、社会保障等方面基于法律和有关规定而签署的文件。规章制度是新员工工作和行为的准则，有关员工工作和人事管理方面的规章制度必须让员工了解，这些通常载于内部刊物或员工手册中。如何使新

员工成为你的"企业人"？这一问题所需求的信息包括加强团队协作精神、消化企业经营理念、增强员工对企业的忠诚感和归属感等活动所传达给员工的信息。

活动训练

表演小品

活动准备：（课前准备）各位同学通过采访父母、自己想从事的职业与行业的工作人员，了解从事某一工作要进行哪些新员工培训。

活动步骤。

1．设计表演下述三种类型的雇员在新员工培训中的行为。

A．新员工甲（某中职学校毕业生）：在培训期内勤奋学习，乐于为他人服务，沟通意识强，能理解和体谅别人，进步很快。

B．新员工乙（某名牌大学毕业生）：专业知识扎实，人也实在，在培训期内工作勤奋，工作能力强。

C．新员工丙（某大学毕业生）：专业知识较扎实，人聪明，但培训期内干事不太踏实，自命不凡，较注重表面工作。

2．讨论：

新员工培训要如何对待？

感悟

通过培训，我了解了_____；
通过培训，我学会了_____；
通过培训，我提高了_____；
通过培训，我改进了_____。

回顾

对于毕业生来说，刚刚进入职场踏入社会，他们就像一张白纸一样，不同的企业文化会着上不同的色彩和图像。从一个校园学子转变成为企业人，如果想追求员工和企业的双赢，企业就必须重视新员工培训、系统地规划新员工培训。刚毕业的中职学生，他们面临的将是一个完全新鲜和陌生的生活环境，他们的行为举止到内心体验与感受都会发生一些或大或小的改变。他们会担心自己是否适应新的工作，是否会得到上司的赏识，是否会与同事们融洽相处，他们在公司的未来发展前景如何等。对企业来讲，新员工在刚来企业的一个过渡期内将会依自己对企业的感受和评价来选择自己如何表现、决定自己是否要在公司谋发展还是当跳板，而公司的企业文化、管理行为将会影响新员工在工作中的态度、绩效、人际关系等。

知识链接

『案例』

联想的"入模子"培训

联想对新员工实行的"入模子"培训。所有加入联想的员工，在试用期时都要接受为期一周的封闭培训（"入模子"培训）。这是"为新员工融入联想，在联想的鱼缸里自由游动"而开设的相关培训内容，了解公司的文化、理念、产品、历史、发展方向。"入模子"，顾名思义，是说职工必须进到联想的"模子"里来，塑造成联想的理想、目标、精神、情操、行为所要求的形状。联想主要从两个层次开展对职工的"入模子"教育。

对于一般员工，联想有个"入模子"的基本要求，就是要按照联想所要求的行为规范做事。联想的行为规范主要指执行以岗位责任制为核心的一系列规章制度，包括财务制度、库房制度、人事制度，等等。执行制度是对一个联想员工最基本的要求。各种制度，有效地制约着企业的运行。按照联想职工"入模子"的基本要求，职工从开始受到压力"入模子"，到习惯成自然的过程，这个过程就是联想全体员工素质提高的过程。

对于联想的管理骨干，上述基本的"入模子"的要求还不够，还要进入一个高层次的"模子"，包括以下几个方面：其一，联想的骨干，尤其是执行委员会以上的核心成员，必须有牺牲精神。在公司遇到困难、遇到风险的时候要勇敢地迎上去，不许退缩，不许推诿。公司的核心成员在工作中需要付出很高的代价，在不为社会和周围所理解的时候，还要能忍受委屈，承受住巨大的精神压力，并且坚持不懈地把事业做到底。这就要求联想骨干胸怀宽广、任劳任怨、以事业为重、不计得失、不谋私利。其二，联想的骨干，必须堂堂正气、光明磊落，不许拉帮结派，有问题摆在桌面上谈。"杨元庆就是一个'正'的人。"柳传志就是这样评价杨元庆的。其三，联想的骨干，必须坚持公司的基本准则，坚持公司的统一性，坚决服从总裁室的领导，不允许为了本部门的利益和别的部门造成摩擦。

【参考文献】
《中国人才》，中国人事报刊社，2003年01期

实训三 经营好自己融入团队

不管你自己是否喜欢这个单位的企业文化，你无法否认单位是你生存的空间，是你成长的基石。它会给你无穷的力量，也同样让你吃尽苦头，看你如何选择。一个团队，都有一个共同目标，需要大家通力合作，不能背道而驰。你是团队一员，你要忘记自己的个性。也许规范显得呆板，但你不能改变，否则下一步的程序就无法进行。你也只有融入团队，才能发挥自己的优势。在团队的合作中，你的才干才能得到认同、你的人品才能被他人赞美，这样你才会在这个单位有更好的选择。

『案例 I』

你融入团队了吗？

中职毕业生小刘，通过自己的实力应聘到了某企业担任销售的职位，他很喜欢这个工作。但是在工作中，他固执己见，自以为是，不善于与人沟通，无法理解别人的意见，致使自己无法与本组成员合作完成销售计划，使得其他组员对他产生不满情绪。工作一个月后他经常担心自己工作会出错，比如如果把给客户的订单搞错，那会有很糟糕的后果……，同时他还有在家反复检查煤气开关，反复检查门窗是否关好的苦恼。

讨论

1. 试分析小刘担心和苦恼的原因。
   _____

2. 请指出小刘正确的做法。
   _____

要点提示

有着共同目标和富有团队感的人在一起可以更快、更轻易地到达他们想去的地方。在团队中，要凭借着相互的冲劲、助力而向前进，并像雁群一样相互扶助，始终朝向既定的目的地。

1. 要热爱自己的同事。我们始终认为，企业内部团结和谐至关重要。我们要求企业职工在处理同事关系过程中，人人以友好善良态度处理人际关系，做到同事之间彼此友好、友爱，营造同心协力，和睦融洽，友善相待的工作环境。在与人交往时，承认差异，不求全责备，多看优点，正确对待同事，顾全大局，通过开展批评与自我批评解决矛盾，共创一个和谐向上的工作氛围。大力弘扬集体主义精神和团队精神，并正确处理好竞争与协作的关系，建立起团结友善，彼此信任，互相帮助，互相平等，和谐融洽，亲密无间的同事关系。

2. 要热爱自己的岗位。企业要重视大力营造敬业氛围，形成人人爱岗的职业道德风尚。首先热爱本职工作，只有热爱自己所从事的工作，才能主动、勤奋地学习技能，才会保持积极乐观的态度尽心竭力的精神，全身心地投入到工作中去。其次，要练就过硬的本领。肯干事、会干事、能干事、干成事是对职工的基本要求。所以，要加强学习，刻苦钻研业务，不断提高专业技术素质和实际工作能力，与时俱进，适应日新月异企业发展的需要。三是工作中追求卓越，坚持工作高标准，不断超越自我，挑战自我，立足实际研究新情况，新问题，大胆探索，使工作不断有所发现，有所发明，有所创新。

作为一名新员工，要提高自身的素质，把企业的利益放在首位，要更爱自己的企业，爱自己的工作，尽自己所能为企业创造财富，要有一个良好的心态，文化产生和谐，态度决定一切，热爱企业文化，把工作当成自己的事业来经营。

活动训练

1. 制订适合班级步伐的个人目标。
   _____

2. 描述理想中班集体的形象，进行班徽设计。
   _____

3. 针对班级的实际情况，就班规、学习等方面提出自己的建议。
   _____

4. 制定符合班级特点的班训。
   _____

感悟

通过培训，我了解了_____；
通过培训，我学会了_____；
通过培训，我提高了_____；
通过培训，我改进了_____。

回顾

你年轻而充满梦想，有时候你会感觉企业文化太苛刻。可没有约束力的单位，大家没有一个共同的努力方向，单位迟早会关门，你的才华也就无法施展。说到底，企业文化，是单位给每个职工施展抱负搭建的平台，是单位生存和发展的保证，我们必须融入其中，必须尊重团队，才可以使自己成长，你未来的选择才可能更多。融入团队现代企业不可能单打独斗。企业文化最终体现在员工的行为上，

融入一个公司的企业文化中，也就是融入这个大的团队里。而团队必然有文化和它自身的一套规矩，个人英雄主义是行不通的。想要被一个团队所接纳，就得想办法接受和认同他们的价值观念，在这个团队找准自己的角色和职责。

知识链接

螃蟹和蚂蚁的故事

生活在海边的人常常会看到这样一种有趣的现象：几只螃蟹从海里游到岸边，其中一只也许是想到岸上体验一下水族以外世界的生活滋味，只见它努力地往堤岸上爬，可无论它怎样执著、坚毅，却始终爬不到岸上去。这倒不是因为这只螃蟹不会选择路线，也不是因为它动作笨拙，而是它的同伴们不容许它爬上去。你看每当那只企图爬离水面的螃蟹，就要爬上堤岸的时候，别的螃蟹就会争相拖住它的后腿，把它重新拖回到海里。人们也偶尔会看到一些爬上岸的海螃蟹，但不用说，他们一定是单独行动才上来的。

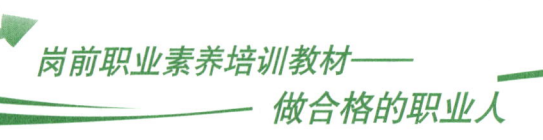

在南美洲的草原上，有一种动物却演绎出迥然不同的故事：酷热的天气，山坡上的草丛突然起火，无数蚂蚁被熊熊大火逼得节节后退，火的包围圈越来越小，渐渐地蚂蚁似乎无路可走。然而，就在这时出人意料的事发生了，蚂蚁们迅速聚拢起来，紧紧地抱成一团，很快就滚成一个黑乎乎的大蚁球，蚁球滚动着冲向火海。尽管蚁球很快就被烧成了火球，在噼噼啪啪的响声中，一些居于火球外围的蚂蚁被烧死了，但更多的蚂蚁却绝处逢生。

启示：这两则关于动物之间团队合作的故事相映成趣，说明这样一个道理：掣肘，易事难为；携手处，难事可成。螃蟹的"拖后腿"，多么像人类中某些人的做法，由嫉妒心、"红眼病"和一己之私作祟，他们惧怕竞争，甚至憎恨竞争。一旦看到别人比自己强，就拆台阶、下绊子，千方百计竭尽倾轧之能事。其宗旨不外乎一条，我不行，你也别行；我得不到，你也别想得到。于是，有多少发明创造的才智，就这样在无声中被内耗掉；有多少贤能，就这样被埋没在默默无闻之境；有多少"千里马"就这样病死于马槽枥之间。蚂蚁的"抱成团"却与此大相径庭，这一抱，是命运的抗争，力量的凝聚，是以团结协作的手段，为共渡难关，获求新生所做出的必要努力。无此一抱，蚂蚁们必将葬身于火海；精诚团结则使它们的群体得以延续。

【参考文献】

http://blog.itpmp.org/?action-viewthread-tid-3040

http://hi.baidu.com/wysx_0202/blog/item/dd89172ecb1d63544fc226e7.html

实训四 　工作中多学、多问、多了解

新员工进入一个公司后，简单地说有两种可能：一种可能是融入企业的文化，然后把企业文化融入自己的工作行为中去，使自己的工作如鱼得水；另外一种可能就是不能融入这个公司的文化，或者说被排斥，这就导致新员工在企业文化上的障碍，要么在工作岗位上无所事事，要么被迫离开。对新员工而言，如何在企业中表现自己，能否在这个企业长期发展，很大程度上取决于最初进入企业的经历和感受，新员工应当主动去了解和适应新企业及其企业文化，在工作中多学、多问、多了解。

『案例1』

掌握好学习和询问的时机

国际贸易专业毕业的小陈，毕业后在一家外企找到了一份市场调研的工作，对于外企公司的工作节奏快、管理要求严，此前小陈早有所闻。所以在刚参加工作时，他尽量改变自己原来读书时拖拉、懒惰、不拘小节等毛病，争取在最短时间内完成工作，同时多学、多问、多了解。经过三个多月的努力，小陈对工作已得心应手。他感触最深的是，要快速地融入公司的企业文化，最重要的就是多学、多问、多了解，但前提是要掌握好学习和询问的时机。

第七单元　做热爱并融入企业文化的职业人

😊 讨论

1. 小陈工作的得心应手能给我们什么启示。
   _____
2. 结合案例，举例说明多学、多问、多了解的益处。
   _____

『案例II』

企划案的尴尬

小李的专业经验非常丰富，跳槽到国内一家大型IT企业后，更是摩拳擦掌，很想大干一场，加入公司不到一周的时间就做出一份长达30多页企划案，放到老板桌前。令小李迷惑不解的是，老板接到企划案后非但没有表扬他，反而大皱眉头。后来小李通过同事了解到：原来公司一贯奉行稳健经营的作风，而小李的企划案虽然具有开拓性，但是存在着巨大的经营风险，和公司的企业文化不符。每家公司都有自己独特的企业文化，作为新人都要有一个逐步适应的过程。在没有了解公司的企业文化之前，千万不要急于求成，以至于给别人留下不好的印象。

😊 讨讨论

1. 老扳接到企划案后大皱眉头的原因是什么？
   _____
2. 如果你是小李，你会怎么做？
   _____

✋ 要点提示

1. 谦虚行事。身处一个陌生的文化环境，谦虚行事是必不可少的。在对公司的企业文化还没有基本了解的情况下，急于表现自己的所知所能，不但不能让别人对你刮目相看，还容易弄巧成拙，给人锋芒毕露的感觉，容易让人产生厌恶感，这不利于融入公司的企业文化。当你无法改变企业文化时，你只有努力去适应。每个人都有自己的个性，它是自己独特的性格，有时候会发挥很最要的作用。但刚到新单位，太强的个性会让与你不同个性的人难以接受，也就影响了合作的默切度。所以我们只能暂时收敛自己的个性。在工作中以出色的老职工为榜样，有意识地改掉自己身上的小毛病，如熬夜上网、马虎、上班聊天等。对领导布置的每项工作争取在最短的时间内完成工作，并且保证质量，这样才就会赢得领导注意，也就很快融入了企业文化。

2. 掌握好表现度。也许你在学校里是出类拔萃的优秀学生，但在单位，谁知道对面的那个人是否是诸葛亮在世；也许你背后的那个表现平平的老员工大学时代曾是市级优秀学生。所以千万别炫耀自己学生时代的荣誉，踏踏实实做好工作，才能赢得同事认同，过去让它成为历史好了。急于表扬自己所知所能，不但不会让人刮目相看，还会遭人厌恶。

实训四　工作中多学、多问、多了解

你可以不涉及政治，但必须知晓如何表现自己，用什么方式表现自己，这就是企业文化。

3. 掌握好学习和提问的时机。现在职场新人都有高学历，有很广泛的知识面，但和以往一样几乎没任何工作经验，处世之道很肤浅。要想尽早有出色表现，你必须有虚心的态度，多向老员工请教，可视的制度要遵守，不可视的规矩要多问。工作中的难题，要及时向身边的同事请教，别太顾及面子。要明白，勤奋的孩子是不会被耻笑的；不懂装懂，等自己不再是孩子时还没懂，才让人轻视。工作中多学、多问、多了解！投入到一个新的文化环境中肯定有一些陌生的地方，这就要求新员工多学、多问、多了解。对于"可视规矩"，则找来公司的制度、流程和职位说明书加以学习；对于"不可视规矩"，也就是企业文化，就要虚心地向老员工请教。因为他们在公司的工作时间长，对公司的方方面面可谓了解入微，多和他们交流可以让你少走很多弯路。工作中遇到难题或是处理问题拿不准时，千万不要不闻不问、不懂装懂，而应主动大方地请教身边的同事，培养自己对公司的归属感。

活动训练

活动形式：小品演出

步骤：

1. 以小组为单位创作一个简单的剧本，将下列三个人物形象融入剧本中：第一个人，胸无志向型，其特点是，无理想、无志向，整日浑浑噩噩，在无聊中打发时光；第二个人，空想、柔弱型，其特点是，胡思乱想，不看书、不学习，整天没有根据地空想，工作起来很盲目，而且遇挫而退，什么事都干不成；第三个人，谦虚、勤奋型，其特点是，以积极的态度面对生活、学习，踏踏实实的制订切合实际的行动计划。

2. 由每组选出三名同学，根据本组设计的剧本，给全班同学表演小品。

3. 由各组出一名裁判，选出最优设计组和最佳表演组。

4. 由同学讨论发言，我们将来应该做哪一种人？

感悟

通过培训，我了解了_____；

通过培训，我学会了_____；

通过培训，我提高了_____；

通过培训，我改进了_____。

回顾

"说你行，你就行，不行也行；说不行，就不行，行也不行。"相信这句话大家都耳熟能详。我们无意于纠缠这句话的真实性，但它至少反映了一种让人疑惑的现象："行也不行"。这种现象在现实中确实存在，究其原因，部分原因与能否融入公司的企业文化密切相关。所以新员工应该奋发和进取，是缘于"志存高远"，摈弃浮躁的虚荣心，没有庸俗地只看到眼前的一切。应尊重所有在这方面或在那方面超过我们的人，但不顶礼膜拜，为了维护我们独立的人格和尊严；我们绝不蔑视在这方面或在那方面稍逊于我们的人，因为他们也有人格和尊严。

知识链接

名言警句

• 我们不能一有成绩，就像皮球一样，别人拍不得，轻轻一拍，就跳得老高。成绩越大，越要谦虚谨慎。——王进喜

• "骄傲"两个字我有点怀疑。凡是有点干劲的，有点能力的，他总是相信自己，是有点主见的人。越有主见的人，越有自信。这个并不坏。真是有点骄傲，如果放到适当岗位，他自己就会谦虚起来，要不然他就混不下去。——邓小平

• 凡过于把幸运之事归功于自己的聪明和智谋的人多半是结局很不幸的。——培根

• 切忌浮夸铺张。与其说得过分，不如说得不全。——列夫·托尔斯泰

• 一分钟一秒种自满，在这一分一秒间就停止了自己吸收的生命和排泄的生命。只有接受批评才能排泄精神的一切渣滓。只有吸收他人的意见才能添加精神上新的滋养品。——徐特立

• 无论在什么时候，永远不要以为自己已知道了一切。——巴甫洛夫

• 有了一些小成绩就不求上进，这完全不符合我的性格。攀登上一个阶梯，这固然很好，只要还有力气，那就意味着必须再继续前进一步。——安徒生

• 懒于思索，不愿意钻研和深入理解，自满或满足于微不足道的知识，都是智力贫乏的原因。这种贫乏通常用一个字来称呼，这就是"愚蠢"。——高尔基

• 一个人如果把从别人那里学来的东西算作自己的发现，这也很接近于虚骄。——黑格尔

• 无论在什么时候，永远不要以为自己已经知道了一切。不管人们把你们评价的多么高，但你们永远要有勇气对自己说：我是个毫无所知的人。——巴甫洛夫

『案例故事』

树上还有几只鸟

某日，老师在课堂上想测试一个学生的智商怎么样，就问他："树上有十只鸟，开枪打死一只，还剩几只？"

这样的问题太简单了，就连现在的小学生都能答出来，因为在很多书上以及电台的互动节目中都有这样的脑筋急转弯的题，再普通不过了。

但故事中是怎样回答的呢？

学生反问："是无声手枪吗？"

"不是"。

"枪声有多大？"

"80—100 分贝。"

"那就是说会振得耳朵疼？"

"是。"

"在这个城市里打鸟犯不犯法？"

"不犯。"

"您确定那只鸟真的被打死了？"

"确定。"老师已经不耐烦了，"拜托，你告诉我还剩几只就行了，OK？"

"OK，树上的鸟里有没有聋子？"

"没有。"

"有没有关在笼子里的？"

"没有。"

"边上还有没有其他的树，树上还有没有其他鸟？"

"没有。"

"有没有残疾或饿得飞不动的鸟？"

"没有。"

"算不算怀在肚子里的小鸟？"

"不算。"

"打鸟人的眼有没有花？保证是十只？"

"没有花，就十只。"

老师已经满头大汗，且下课铃响了，但学生还在问："有没有傻到不怕死的鸟？"

"都怕死。"

"会不会一枪打死两只？"

"不会。"

"所有的鸟都可以自由活动吗？"

"完全可以。"

"如果您的回答没有骗人，"学生满怀信心地说，"打死的鸟要是挂在树上没有掉下来，那么就剩一只；如果掉下来，就一只不剩。"

故事中那位学生在处理问题时的严密思维是值得大家学习的。就这样一个简单的问题，"他"竟然能提出 14 个问题来推理自己的答案，思维十分活跃。

实训五　用企业故事传播企业文化

任何优秀的企业文化都需要传播，并依赖传播来建立、推广和发展自身。企业故事是诠释和传播企业文化理念的有效途径，企业文化的传承和扩散需要借助一定的故事。掌握用故事推广企业文化的方法，并在管理中充分运用企业文化故事，实现文化理念的有效传播是推动企业文化建设的重要手段之一。

🔍 案例分析

玫琳凯首席经销商的故事

企业故事作为企业文化的载体，绝对不要为了故事而讲故事，故事本身需要涵盖丰富的企业文化要素。玫琳凯倡导"信念第一、家庭第二、事业第三"的生活优先次序，这种倡导可以在任何有玫琳凯人集会的地方见到。某知名首席（讲述者及受众都是该首席的伙伴），曾穷得可能任何人都会觉得可怕，甚至绝望。刚被她的前夫抛弃，一个弃妇，又没有什么收入，在加盟玫琳凯之前，每天只花3块钱。

刚开始加入玫琳凯时，羞涩的她逢人就低头，一说话就脸红。但她非常勤奋，每天早上8点出门，晚上9点才回家，吃饭经常是随便凑合。她规定自己，每天不面谈10个陌生人，不递出100张名片，坚决不收工。

可是现在呢？她在城里有一套豪宅，开着玫琳凯奖励的粉红轿车。更让人羡慕的是，当年她是被男人抛弃了，今天她"娶了"一个男博士。

💬 讨论

1. 玫琳凯首席经销商成功的原因是什么？
_____
2. 案例中为什么用了"娶"而不是"嫁"，而且强调对方是博士？
_____

🖐 要点提示

企业文化故事作为企业文化的一种存在和传播形式，通常是一段关于企业成员在某一特定时间对某一特定环境或事物的具体反映和叙述。企业的发展历史总是由事件构成的，其文化也因故事而生成。可以说，故事是企业文化必不可少的、重要的文化元素，是对企业文化理念的有效诠释。企业文化故事的形式和种类多种多样，不同的故事表达不同的主题思想和价值意图，不同的故事依场合、人物思维的差异而展现不同的风格。

1. 创业类故事。这类故事以创业为主题，以创业者曲折的创业经历和对目标的执著追求为故事线索，以创业精神、勇气和胆识为故事颂扬的实质，告诉人们创业不易。

2. 经营类故事。主要是讲述企业经营者在经营过程中所采取的策略，及其经营的价值取向，整个经营类故事或描述企业人的经营智慧和胆识，或描述失败和挫折时的痛苦教训。

3. 变革类故事。讲述的是企业面对内外压力和阻力的情况下，大胆改革的典型事迹，弘扬的是企业人改革创新、与时俱进的精神。

4. 管理类故事。主要是讲述企业在具体的管理过程中，如何处理各项管理制度和规定与人际关系的矛盾，以及企业人的认真态度和精益求精的精神等。

活动训练

活动设计：

1. 分组。每 5 人为一组，选出组长。
2. 每人谈谈自己找到的本校校友不平凡的业绩，并记住这些佼佼者，考虑将来是否会超过他们。

姓名	性别	届别	成就

3. 在组长的主持下，讨论毕业生的佼佼者在校园文化建设中的作用，并作出总结。

本小组讨论综述：_____
_____
_____
_____

感悟

通过培训，我了解了_____；
通过培训，我学会了_____；
通过培训，我提高了_____；
通过培训，我改进了_____。

回顾

　　故事是企业文化实战中强而有力的工具，是企业文化的重要载体。一般来说，故事来源于企业员工的工作和生活，简单、形象且生动，辅之于有意识的刻画和引导，具有相当大的感染力和渗透力；再借助正式的和非正式的渠道传播，影响范围大且快。在运用故事传导企业文化要素的时候，首先需要回答以下几个问题，故事从哪里来、故事有哪些要素、故事由谁讲、故事如何讲、故事的要点。学会讲故事是培育优秀的企业文化并使其得以延续和发展的重要前提。企业文化不但要努力促使它形成，而且还要让它在企业内部成员中传播，并且在企业的发展历程中得以流传。企业文化中很多东西是无形的，能够概括和总结出来的其实并不多，而能真正影响企业经营和发展的有时却是那些并未被概括和总结出来的企业文化因素。但这些因素往往能通过各种"故事"的形式在企业中传播和流传，一个个触动人心的故事不仅能起到传承文化的重要作用，也能震撼员工的心灵。充分运用故事这一有效载体传播企业文化理念，并注重故事的通俗性、亲和性、趣味性和直观性，将企业所倡导的理念、精神等内容融入故事情节中，使故事理念化，理念故事化。

知识链接

『案例Ⅰ』

故事传承企业历史

耐克公司使用传统故事的力量，确保其员工能够理解公司的传统文化与哲学思想。公司自成立至今已经走过了40多年的风雨历程，现在仍然使用一个故事来激励全体员工。那就是已故公司创始人之一，贝尔·鲍沃尔曼的故事：他原来是奥勒冈大学的生活教练，一天早晨他正在家里吃蛋饼早餐，他看到妻子正在使用的蛋饼饼铛很烫手，突然有了一个主意，把胶浆注入到饼铛把儿里以防烫手，付诸实践以后效果很好。他把这个创意进一步发挥，导致了耐克公司著名的胶浆鞋底跑鞋的诞生。耐克公司教育部主任NelsonFarris说：这是我们公司有关人员受到启发而发明创造的故事，是我们公司文化的内涵表现。如果我们把自己公司的传统文化与消费者联系起来，幸运之星就一定会光临我们公司而不是其他公司了。

【参考文献】
麦楠、王多多、张林著：《凤凰术——凤凰卫视企业文化》，中国友谊出版公司，2006年3月